Mitteilungen über Forschungsarbeiten.

Die bisher erschienenen Hefte enthalten:

Heft 1.

Bach: Untersuchungen über den Unterschied der Elastizität von Hartguß (abgeschrecktem Gußeisen) und von Gußeisen gewöhnlicher Härte.

—, Zur Frage der Proportionalität zwischen Dehnungen und Spannungen bei Sandstein.

—, Versuche über die Abhängigkeit der Festigkeit und Dehnung der Bronze von der Temperatur.

—, Versuche über das Arbeitsvermögen und die Elastizität von Gußeisen mit hoher Zugfestigkeit.

—, Versuche über die Druckfestigkeit hochwertigen Gußeisens und über die Abhängigkeit der Zugfestigkeit desselben von der Temperatur.

—, Untersuchung über die Temperaturverhältnisse im Innern eines Lokomobilkessels während der Anheizperiode.

Heft 2. vergriffen.

Stribeck: Kugellager für beliebige Belastungen.

Göpel: Die Bestimmung des Ungleichförmigkeitsgrades rotierender Maschinen durch das Stimmgabelverfahren.

Holborn und **Dittenberger:** Wärmedurchgang durch Heizflächen.

Lüdicke: Versuche mit einem Lufthammer.

Heft 3. vergriffen.

Meyer: Untersuchungen am Gasmotor.

Martens: Zugversuche mit eingekerbten Probekörpern

Werkzeugstahl-Ausschuß·Schnelldrehstahl.

Heft 4.

Bach: Versuche über die Abhängigkeit der Zugfestigkeit und Bruchdehnung der Bronze von der Temperatur.

Lindner: Dampfhammer-Diagramme.

Bach: Eine Stelle an manchen Maschinenteilen, deren Beanspruchung aufgrund der üblichen Berechnung stark unterschätzt wird.

Körting: Untersuchungen über die Wärme der Gasmotorenzylinder.

Claaßen: Die Wärmeübertragung bei der Verdampfung von Wasser und von wässrigen Lösungen.

Heft 5.

Bach: Die Elastizität der an verschiedenen Stellen einer Haut entnommenen Treibriemen.

Staus: Beitrag zur Wärmebilanz des Gasmotors.

Pfarr: Bremsversuche an einer New American Turbne.

Bach: Zur Frage des Wärmewertes des überhitzten Wasserdampfes.

Heft 6. vergriffen.

Schröder: Versuche zur Ermittlung der Bewegungen und Widerstandsunterschiede großer gesteuerter und selbsttätiger federbelasteter Pumpen-Ringventile.

Westberg: Schneckengetriebe mit hohem Wirkungsgrade.

Frahm: Neue Untersuchungen über die dynamischen Vorgänge in den Wellenleitungen von Schiffsmaschinen mit besonderer Berücksichtigung der Resonanzschwingungen.

Heft 7. vergriffen.

Stribeck: Die wesentlichen Eigenschaften der Gleit- und Rollenlager.

Schröter: Untersuchung einer Tandem - Verbundmaschine von 1000 PS.

Austin: Ueber den Wärmedurchgang durch Heizflächen.

Heft 8.

Langen: Untersuchungen über die Drücke, welche bei Explosionen von Wasserstoff und Kohlenoxyd in geschlossenen Gefäßen auftreten.

Meyer: Untersuchungen am Gasmotor.

Heft 9.

Lasche: Die Reibungsverhältnisse in Lagern mit hoher Umfangsgeschwindigkeit.

Dittenberger: Ueber die Ausdehnung von Eisen, Kupfer, Aluminium, Messing und Bronze in hoher Temperatur.

Heft 10.

Bach: Die Elastizitäts- und Festigkeitseigenschaften der Eisensorten, für welche nach dem vorhergehenden Aufsatz die Ausdehnung durch die Wärme ermittelt worden ist.

—, Versuche zur Klarstellung der Verschwächung zylindrischer Gefäße durch den Mannlochausschnitt.

Günther: Verfahren zur Gewinnung von Kupfer und Nickel aus kupfer- und nickelhaltigen Magnetkiesen.

Grübler: Versuche über die Festigkeit von Schmirgel- und Karborundumscheiben.

Klein: Reibungsziffern für Holz und Eisen.

Heft 11.

Schmidt: Untersuchungen über die Umlaufbewegung hydrometrischer Flügel.

Bach und **Roser:** Untersuchung eines dreigängigen Schneckengetriebes.

Frank: Neuere Ermittlungen über die Widerstände der Lokomotiven und Bahnzüge mit besonderer Berücksichtigung großer Fahrgeschwindigkeiten.

Bach: Abhängigkeit der Wirksamkeit des Oelabscheiders von der Beschaffenheit des den Dampfzylindern zugeführten Oeles.

Heft 12.

Lewicki: Die Anwendung hoher Ueberhitzung beim Betrieb von Dampfturbinen.

Heft 13.

Grießmann: Beitrag zur Frage der Erzeugungswärme des überhitzten Wasserdampfes und sein Verhalten in der Nähe der Kondensationsgrenze.

Diegel: Der Einfluß von Ungleichmäßigkeiten im Querschnitte des prismatischen Teiles eines Probestabes auf die Ergebnisse der Zugprüfung.

Schimanek: Versuche mit Verbrennungsmotoren.

Stribeck: Der Warmzerreißversuch von langer Dauer. Das Verhalten von Kupfer.

Heft 14 bis 16. vergriffen.

Berner: Die Erzeugung des überhitzten Wasserdampfes.

Heft 17.

Meyer: Versuche an Spiritusmotoren und am Diesel-Motor.

Pfarr: Bremsversuche an einer Radialturbine.

Bach: Versuche mit Granitquadern zu Brückengelenken.

Heft 18.

Schlesinger: Die Passungen im Maschinenbau.

Brauer: Leistungsversuche an Linde Maschinen.

Büchner: Zur Frage der Lavalschen Turbinendüsen.

Heft 19.

Schröter und **Koob:** Untersuchung einer von Van den Kerchove in Gent gebauten Tandemmaschine von 250 PS.

Gutermuth: Versuche über den Ausfluß des Wasserdampfes.

—, Die Abmessungen der Steuerkanäle der Dampfmaschinen.

Strahl: Vergleichende Versuche mit gesättigtem und mäßig überhitztem Dampf an Lokomotiven.

Heft 20.

Bach: Versuche mit Sandsteinquadern zu Brückengelenken.

Stahl: Untersuchung des Auslaufweges elektrischer Aufzüge.

Heft 21.

Berner: Die Fortleitung des überhitzten Wasserdampfes.

Knoblauch, Linde, Klebe: Die thermischen Eigenschaften des gesättigten und des überhitzten Wasserdampfes zwischen 100° und 180° C. I. Teil.

Linde: Die thermischen Eigenschaften des gesättigten und des überhitzten Wasserdampfes zwischen 100° und 180° O. II. Teil.

Lorenz: Die spezifische Wärme des überhitzten Wasserdampfes.

Mitteilungen

über

Forschungsarbeiten

auf dem Gebiete des Ingenieurwesens

insbesondere aus den Laboratorien
der technischen Hochschulen

herausgegeben vom

Verein deutscher Ingenieure.

Heft 56 und 57.

Springer-Verlag Berlin Heidelberg GmbH

ISBN 978-3-662-01690-9   ISBN 978-3-662-01985-6 (eBook)
DOI 10.1007/978-3-662-01985-6

Versuche

mit

Riemen= und Seiltrieben.

Von

Kammerer-Charlottenburg.

Inhaltsverzeichnis.

	Seite
1) Entstehung und Zweck der Versuche	5
2) Versuchsmaschine	9
3) Meßeinrichtung	21
4) Eichung der Elektromotoren	25
5) » » Meßdosen	30
6) Versuchsplan	35
7) Dauer der Versuche	37
8) Lagerreibung, Bürstenreibung und Luftwiderstand der Scheiben	38
9) Steifheit und Luftwiderstand der Riemen und Seile	42
10) Fliehkraft der Riemen und Seile	43
11) Material der Riemen	49
12) Bezeichnungen der Riemenversuche	52
13) Darstellung der Riemenversuche	54
14) Einfluß der Nutzspannung und der Vorspannung des Riemens	55
15) Höchstwerte der Riemenwirkungsgrade	86
16) » » Riemenreibung	87
17) Einfluß der Riemengeschwindigkeit	88
18) » des Riemenscheibendurchmessers	93
19) » » Riemenscheibenmaterials	96
20) » der Riemenübersetzung	96
21) » » Lage des ziehenden Riementrums	97
22) » » Riemenspannrolle	97
23) Material der Seile	98
24) Bezeichnungen der Seilversuche	102
25) Darstellung der Seilversuche	102
26) Wanderung der Seile	103
27) Einfluß der Nutzspannung und der Vorspannung der Seile	104
28) Höchstwerte der Seilwirkungsgrade	115
29) » » Seilreibung	116
30) Einfluß der Seilgeschwindigkeit	117
31) » des Seilscheibendurchmessers	122
32) » der Seilzahl	122
33) » » Seilschaltung	123
34) » » Seilart	124
35) » » Seilübersetzung	124
36) » » Lage des ziehenden Seiltrums	124
37) » einer Seilspannrolle	124
38) Zusammenfassung der Riemenversuche	125
39) » » Seilversuche	128

1) Entstehung und Zweck der Versuche.

Seitdem die Maschinenbau-Wissenschaften ihre Ueberlegungen nicht mehr auf Voraussetzungen, sondern auf Versuche stützen, ist der früher herrschende Gegensatz zwischen Theorie und Erfahrung nahezu vollständig verschwunden. Ein Einzelgebiet, auf dem er noch zu finden ist, ist das der Riemen- und Seiltriebe. Folgende kleine Zusammenstellung der bekanntesten Formeln dürfte zum Beweis genügen.

Nach der zuerst von Grashof im Jahre 1883 veröffentlichten Theorie müßte die zulässige Belastung eines Riemens um so kleiner gewählt werden, je größer die Geschwindigkeit ist. Wie das Schaubild Fig. 1 zeigt, dürfte bei einer

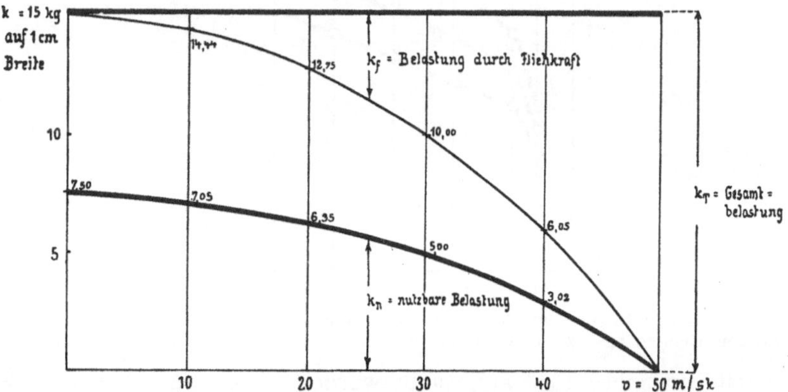

Fig. 1.   Zulässige Riemenbelastung nach Grashof 1883, gültig für einfache Riemen auf Scheiben von 500 mm Dmr. unter günstigen Umständen.

Gesamtbelastung des ziehenden Trums von 15 kg auf 1 cm Breite eines einfachen Riemens und bei halber Umschlingung die nutzbare Belastung k_n zu 7 kg/cm bei 10 m/sk und zu 5 kg/cm bei 30 m/sk Riemengeschwindigkeit gewählt werden, während bei 50 m/sk Geschwindigkeit die Uebertragungsfähigkeit erschöpft wäre. Diese Theorie setzt voraus, daß die Reibungszahl unveränderlich ist, gleichviel ob der Riemscheibendurchmesser groß oder klein ist, und gleichviel wie das Verhältnis der Riemendicke zur Riemenscheibe gewählt ist.

Im Schaubild Fig. 2 ist die in dem Ausstellungsbericht von Radinger mitgeteilte amerikanische Formel von Roper veranschaulicht, nach welcher die zulässige Belastung im umgekehrten Verhältnis zum Scheibendurchmesser zu wählen ist, während die Geschwindigkeit unberücksichtigt bleibt.

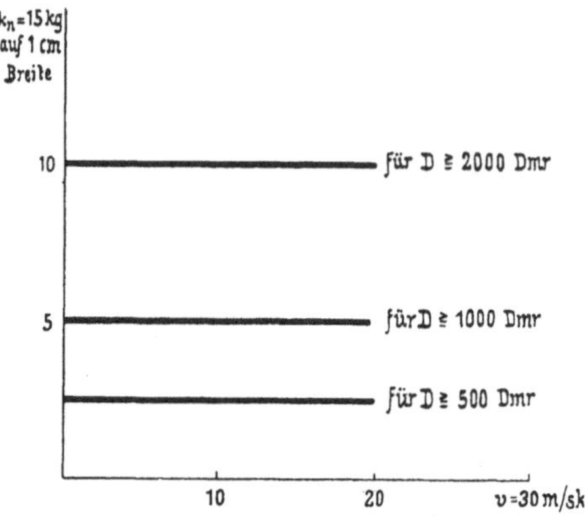

Fig. 2. Zulässige Riemenbelastung nach Roper.

In völligem Gegensatz zu Fig. 1 zeigt das Schaubild Fig. 3 Werte für die zulässige Belastung, die mit zunehmender Geschwindigkeit nicht fallen sondern steigen. Diese Werte sind von Gehrckens aus seiner reichhaltigen Erfahrung

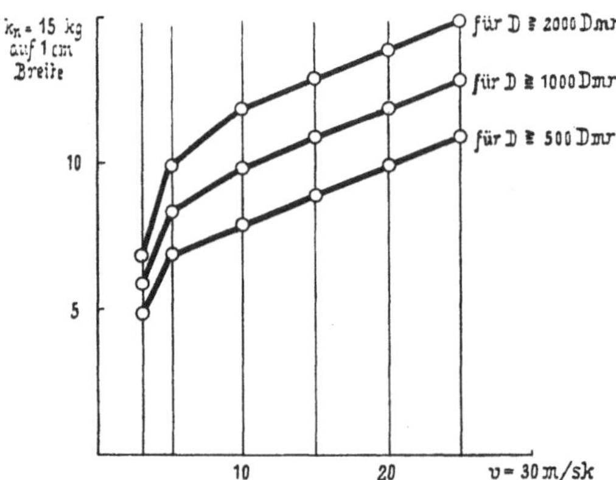

Fig. 3. Zulässige Riemenbelastung nach Gehrckens, gültig für einfache Riemen unter günstigen Umständen. Z. d. V. d. I. 1893 S. 15; in Beilagen mitgeteilt seit 1888.

heraus bereits im Jahre 1888 aufgestellt worden. Diese Werte berücksichtigen den Scheibendurchmesser.

Das Schaubild Fig. 4 gibt die von Heucken aufgestellten Werte an, die

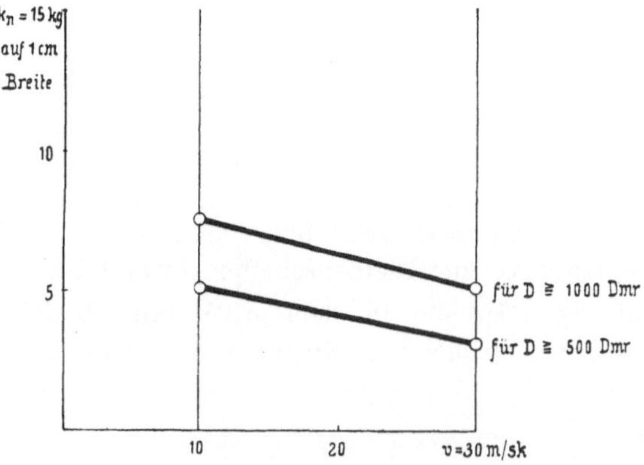

Fig. 4. Zulässige Riemenbelastung nach Heucken, gültig für einfache Riemen.

ebenfalls den Scheibendurchmesser berücksichtigen, mit zunehmender Geschwindigkeit aber fallen.

Fig. 5 stellt die von Bach gegebenen zulässigen Belastungen dar, die zum erstenmal in der 8. Auflage der »Maschinenelemente« im Jahre 1901 veröffentlicht wurden. Diese Belastungen berücksichtigen den Scheibendurchmesser und steigen mit zunehmender Geschwindigkeit.

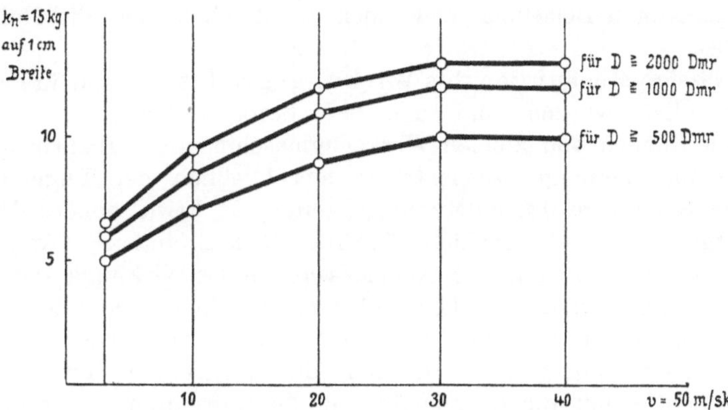

Fig. 5. Zulässige Riemenbelastung nach Bach, gültig für einfache Riemen unter günstigen Umständen. Maschinenelemente, 8. Auflage 1901.

In Fig. 6 endlich sind die von E. Reichel im Jahre 1893 mitgeteilten Werte amerikanischer Ausführungen zusammengestellt. Diese Werte liegen im wesentlichen zwischen den Grenzen 13 bis 17 kg auf 1 cm Breite und gelten für große Scheibendurchmesser von zumeist 2000 bis 3000 mm und für breite

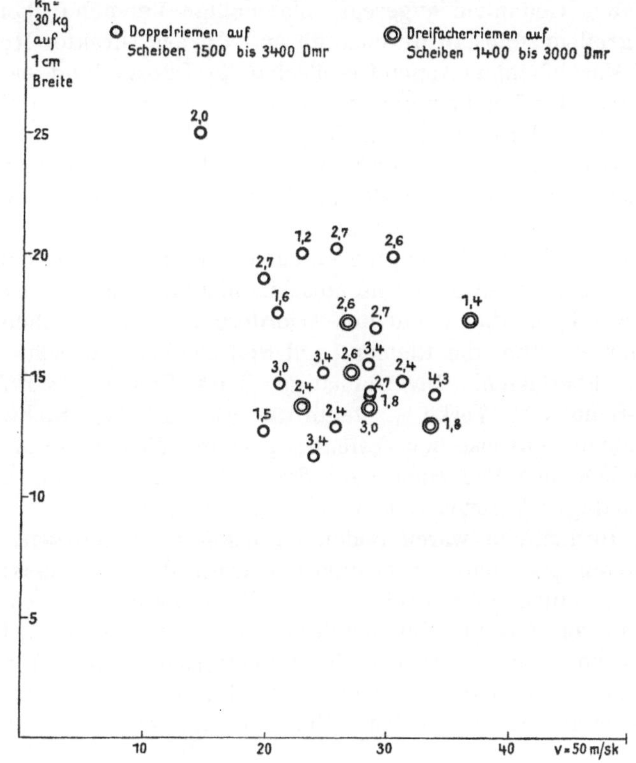

Fig. 6. Belastungen ausgeführter Riementriebe in Amerika von E. Reichel, Z. d. V. d. I. 1893 S. 970.

Riemen. Die eingeschriebenen Zahlen geben den Scheibendurchmesser in m
an. Bemerkenswert ist, daß dreifache Riemen nicht höher auf 1 cm Breite be-
ansprucht werden als Doppelriemen. Ein Einfluß des Scheibendurchmessers oder
der Geschwindigkeit auf die Wahl der Belastung ist nicht erkennbar.

Diese Gegenüberstellung dürfte ohne weiteres erkennen lassen, daß über
grundlegende Fragen große Unklarheit besteht. Zu der Unsicherheit hinsichtlich der zulässigen Belastung tritt noch der Zweifel über die Höhe des Wirkungsgrades.

Zuverlässige Messungen des Wirkungsgrades sind nur in ganz geringer
Zahl veröffentlicht worden, und auch diese bezogen sich nur auf kleine, langsam gehende Riemen von kleinen Werkzeugmaschinen. E. Hartmann hatte im
Jahre 1892 für derartige Riementriebe einschließlich der Lagerreibung Wirkungsgrade von 0,7 bis 0,9, im Mittel 0,8 gefunden. Etwas höhere Werte 0,84 bis
0,94 hatte für ähnliche Riementriebe Richter 1893 gefunden [1]). An ausgeführten
größeren Riementrieben können genaue Messungen des Wirkungsgrades überhaupt
kaum vorgenommen werden, weil entweder nur die eingeleitete oder nur die abgeführte Leistung genau gemessen werden kann. Es sind dazu vielmehr besondere Versuchseinrichtungen erforderlich, die in großem Maßstab ausgeführt
werden müssen, damit die Ergebnisse auf die Anwendung übertragen werden
können.

Ist schon das Gebiet der Riementriebe durch Versuche nicht erforscht, so
gilt dies in noch höherem Grad für die Seiltriebe. Namentlich ist über das
Verhältnis der Wirkungsgrade von Riemen und Seilen niemals etwas Zuver-
lässiges bekannt geworden. Durch die allgemein bestehende Unsicherheit hinsichtlich der Belastungsgrenzen und hinsichtlich der Wirkungsgrade wurde E.
Reichel zu dem Gedanken angeregt, planmäßige Versuche über Riemen- und
Seiltriebe in großem Maßstab durchzuführen. In dem Direktor Roth der Berlin-
Anhaltischen Maschinenbau-Actien-Gesellschaft in Dessau fand er einen tatkräf-
tigen Mitarbeiter; den Bemühungen des verstorbenen Heucken in Aachen, von
Franz Pretzel in Berlin und von Otto Gehrckens in Hamburg gelang es,
den Verband der Ledertreibriemen-Fabrikanten Deutschlands zur Bereitstellung
von umfangreichen Mitteln für vergleichende Versuche zwischen Riemen- und Seiltrieben zu gewinnen. Nach eingehender Beratung entschloß sich auch der
Verein deutscher Ingenieure, die Versuche durch einen namhaften Beitrag zu
unterstützen. Die Berlin-Anhaltische Maschinenbau-Actien-Ges. erklärte sich bereit, den notwendigen Raum und den erforderlichen elektrischen Strom unent-
geltlich zu liefern und die Riemen- und Seilscheiben zu sehr günstigen Bedingungen zu überlassen. Das damalige Werk Siemens & Halske A.-G. —
jetzt Siemens-Schuckert Werke — stellte die erforderlichen Elektromotoren und
Dynamomaschinen leihweise zur Verfügung. Durch diese vereinte Unterstützung
wurde es möglich, den Bau einer besonderen Versuchsmaschine und die Durchführung planmäßiger Versuchsreihen ins Auge zu fassen.

Bei den Beratungen waren Bedenken insofern aufgetreten, als von verschiedenen Seiten die Meinung geäußert wurde, daß der elektrische Einzel-
antrieb voraussichtlich alle mechanischen Transmissionen verdrängen würde
und daß aus diesem Grunde eingehende Versuche nicht mehr zeitgemäß seien.
Zweifellos werden auch in der Tat die Hauptantriebe von den Kraftmaschinen
auf die langen Wellenleitungen allmählich durch die elektrische Kraftübertragung größtenteils ersetzt werden. Um so mehr aber werden Riementriebe

---

[1]) Zeitschrift des Vereines deutscher Ingenieure 1893 S. 1131; 1167.

zur Kupplung der Elektromotoren mit den Arbeitsmaschinen benötigt werden, denn der Riementrieb ist schließlich die einfachste Kupplung und bei guter Ausführung ein vorzügliches Maschinenelement; und gerade für derartige schnellaufende und hoch beanspruchte Riemen wird eine sorgfältige Bemessung und Ausführung ganz besonders notwendig sein; zudem schafft der Elektromotor dem Riementrieb günstige Bedingungen insofern, als er die Anwendung von guten Spannvorrichtungen zuläßt und infolgedessen dem Riemen eine weit bessere Behandlung verschafft, als er sie bei gewöhnlichen Transmissionen erfährt.

Leider war es E. Reichel nicht vergönnt, die Frucht seiner mühevollen Vorarbeiten und Verhandlungen zu ernten. Ein schweres Leiden entzog ihn auf längere Zeit allen wissenschaftlichen Arbeiten; er übergab daher die Weiterführung der Versuche dem Berichterstatter als seinem Stellvertreter in dem Lehrfach »Maschinenelemente«.

2) Versuchseinrichtung.

Der Grundgedanke der Versuche war sehr einfach: die eine Riemenscheibe sollte durch einen Elektromotor angetrieben werden, während die andere mit einer Dynamomaschine gekuppelt wurde: durch Messung der elektrischen Leistungen der beiden Maschinen ergab sich dann nach Abzug der für sich bestimmbaren Maschinenverluste sowohl die dem Riementrieb zugeführte wie die abgeleitete Leistung, sodaß der Wirkungsgrad zuverlässig zu ermitteln war.

Zunächst wurde eine Versuchsanordnung geplant, die den gesamten Grundgedanken mit möglichst einfachen Mitteln verwirklichen sollte, um mit geringsten Anlagekosten auszukommen. Auf einem Fundament — Fig. 7 bis 10 — sollte in zwei normalen Stehlagern eine Welle W_1 mit Riemenscheibe gelagert werden, die durch eine Zodel-Kupplung mit einem normalen Elektromotor M_1 gekuppelt werden sollte. Eine zweite Welle W_2 mit Riemenscheibe sollte auf einem **U**-förmigen Rahmen r gelagert werden, der auf Gleitschienen S verschoben und festgeschraubt werden konnte. Eine Dynamomaschine M_2 sollte in gleicher Weise auf Gleitschienen aufgestellt und durch eine Zodel-Kupplung mit der Welle W_2 gekuppelt werden. Vor Beginn des Versuches sollte diese Kupplung gelöst und die Riemenspannung durch Winkelhebel h mit Belastungsgewichten gemessen werden. Dann sollte der **U**-förmige Rahmen auf den Gleitschienen festgeschraubt und die Welle W_2 mit dem Anker der Dynamomaschine gekuppelt werden. Der Wirkungsgrad der elektrischen Maschinen sollte in der Weise bestimmt werden, daß die Dynamomaschine in gleicher Flucht mit dem Elektromotor aufgestellt und unmittelbar mit ihm gekuppelt werden sollte. Die Einstellung auf verschiedene Umlaufzahlen sollte einmal durch Aenderung der Felderregung und außerdem durch Auswechslung der Anker vorgenommen werden.

Diese Anordnung hätte an besonders herzustellenden Stücken lediglich die beiden Wellen, den **U**-förmigen Rahmen, die Gleitschienen und die Wägevorrichtung verlangt. Die elektrischen Maschinen sowohl wie die Riemenscheiben und die vier Stehlager wären normale Modelle gewesen, die nach den Versuchen anderweitige Verwendung finden konnten. Die Kosten der Versuchsanordnung wären daher nur gering gewesen.

Trotz dieses großen Vorteils wurde in der Folge auf eine Ausführung in dieser Form verzichtet, und zwar aus verschiedenen Gründen.

Zunächst hätte die Anordnung eine Messung der Riemenspannung nur im Stillstand, nicht während des Betriebes zugelassen, hätte also keinen Aufschluß über den Einfluß der Fliehkraft gewährt. Auch die Messung im Stillstand wäre,

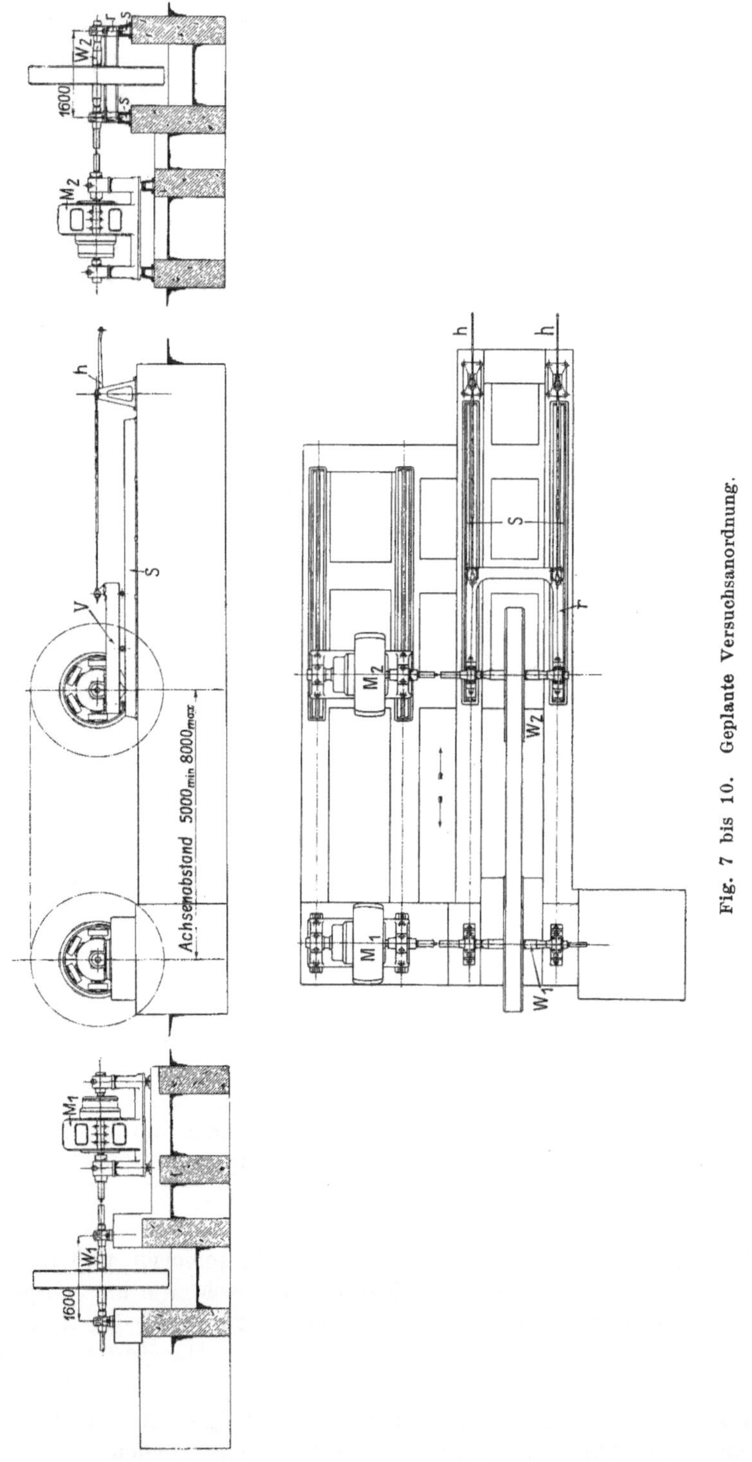

Fig. 7 bis 10. Geplante Versuchsanordnung.

weil die Schrauben und die Kupplung gelöst werden mußten, recht umständlich gewesen.

Bedenklich erschien ferner die Anwendung von insgesamt 8 Gleitlagern, deren Reibungswiderstand einmal sehr veränderlich und außerdem absolut groß gewesen wäre, so daß eine genaue Messung des Wirkungsgrades kaum zu erwarten war. Auch die beiden elastischen Kupplungen waren unerwünscht, da es unsicher war, inwieweit sie zu Arbeitsverlusten beigetragen hätten.

Diese Ueberlegungen führten nach mehrmaliger Umarbeitung zu einer neuen Anordnung auf folgenden Grundlagen.

Zunächst erschien es wünschenswert, jede der beiden Wellen nur in 2 statt in 4 Lager zu legen, so daß die Lagerung genauer wurde, während zugleich die Gesamtzahl der Lager von 8 auf 4 vermindert werden konnte. Diese Vereinfachung wurde möglich durch Wahl von Dynamomaschinen, wie sie für unmittelbare Kupplung mit schnellgehenden Dampfmaschinen gebaut werden. Jede der beiden Wellen erhielt rechts und links von der Riemenscheibe ein Lager und auf die vorkragenden Wellenstümpfe wurde beiderseits fliegend der Anker einer Dynamomaschine aufgekeilt. Für die Lager stellten die Deutschen Waffen- und Munitionsfabriken ihre bekannten Kugellager leihweise zur Verfügung. Die elastischen Kupplungen, welche die ursprünglich geplante Anordnung erfordert hätte, kamen ganz in Fortfall, was der Genauigkeit der Messungen nur zuträglich sein konnte. Die Reibungsverluste verminderten sich bei der gewählten Anordnung gegenüber der erst geplanten auf weniger als die Hälfte und wurden außerdem durch die Wahl von Kugellagern sehr gleichbleibend.

Weiter mußte darauf Bedacht genommen werden, die Riemenspannung nicht nur im Stillstand, sondern auch im Betrieb fortlaufend zu messen, und zwar möglichst genau. Man mußte also die eine Welle beweglich so lagern, daß sie eine geringe parallele Verschiebung zuließ. Diese Verschiebung mußte möglichst reibungsfrei vor sich gehen, mußte aber gleichwohl eine sichere Parallelführung gewähren. Zu diesem Zweck wurden die beiden Kugellager auf einem Gußrahmen a_1 in Fig. 11 bis 14 angeordnet, der so geformt war, daß er sowohl einer Riemenscheibe von 2500 mm Dmr. und 400 mm Breite, als auch einer Scheibe von 600 mm Dmr. und 1000 mm Breite freien Raum gewährte und daß die Riementrümer der Scheibe von 600 mm Dmr. noch vom Querstück des Rahmens frei gingen. An diesem Gußrahmen wurden auch die Polgehäuse der beiden Elektromotoren mittels Armstücke b_1 aus Gußeisen befestigt. Der Gußrahmen selbst wurde an seiner Unterseite mit vier gehärteten, rinnenförmigen Stahllinealen ausgerüstet, die auf 16 polierten und gehärteten Stahlkugeln gelagert wurden, die ihrerseits wieder in Stahlrinnen ruhten. Diese Lagerung ergab eine sichere Parallelführung und einen Reibungswiderstand des mit Motoren, Welle und Scheibe rd. 15 000 kg schweren Rahmens von nicht mehr als 50 kg; später wurde durch eine besondere Entlastungsvorrichtung dieser Reibungswiderstand noch auf 20 kg verringert.

Ferner mußte eine Einrichtung getroffen werden, um denselben Riemen ohne Lösung der Leimung auf Scheiben von verschiedenem Durchmesser verwenden zu können, um mit andern Worten den Achsstand verschieden groß einzustellen und um dem Riemen jede beliebige Anfangspannung geben zu können. Es wurde daher die zweite Welle auf einem Gußrahmen a_2 in genau derselben Art wie die erste Welle gelagert; nur wurde dieser Rahmen nicht auf Stahlkugeln, sondern einfach auf gehobelte Flacheisen aufgelegt. Eine Verschiebungsvorrichtung, bestehend aus zwei Gallschen Ketten $c\,c$ mit Schneckenübersetzung und Griffrad ermöglichte die Verschiebung des Rahmens so weit, daß der Achsenabstand von 5000 mm bis 7500 mm beliebig eingestellt werden konnte.

Um den Unterbau leicht halten zu können, wurden zwei Paar I-Träger dd als Unterstützung unter die beiden Gußrahmen durchgezogen; diese Träger wurden an mehreren Stellen durch Querträger mit einander starr verbunden. Auf die Oberseite der I-Träger wurden einerseits die Stahllineale für den Meßrahmen und anderseits die gehobelten Flacheisen für den Spannrahmen aufgeschraubt.

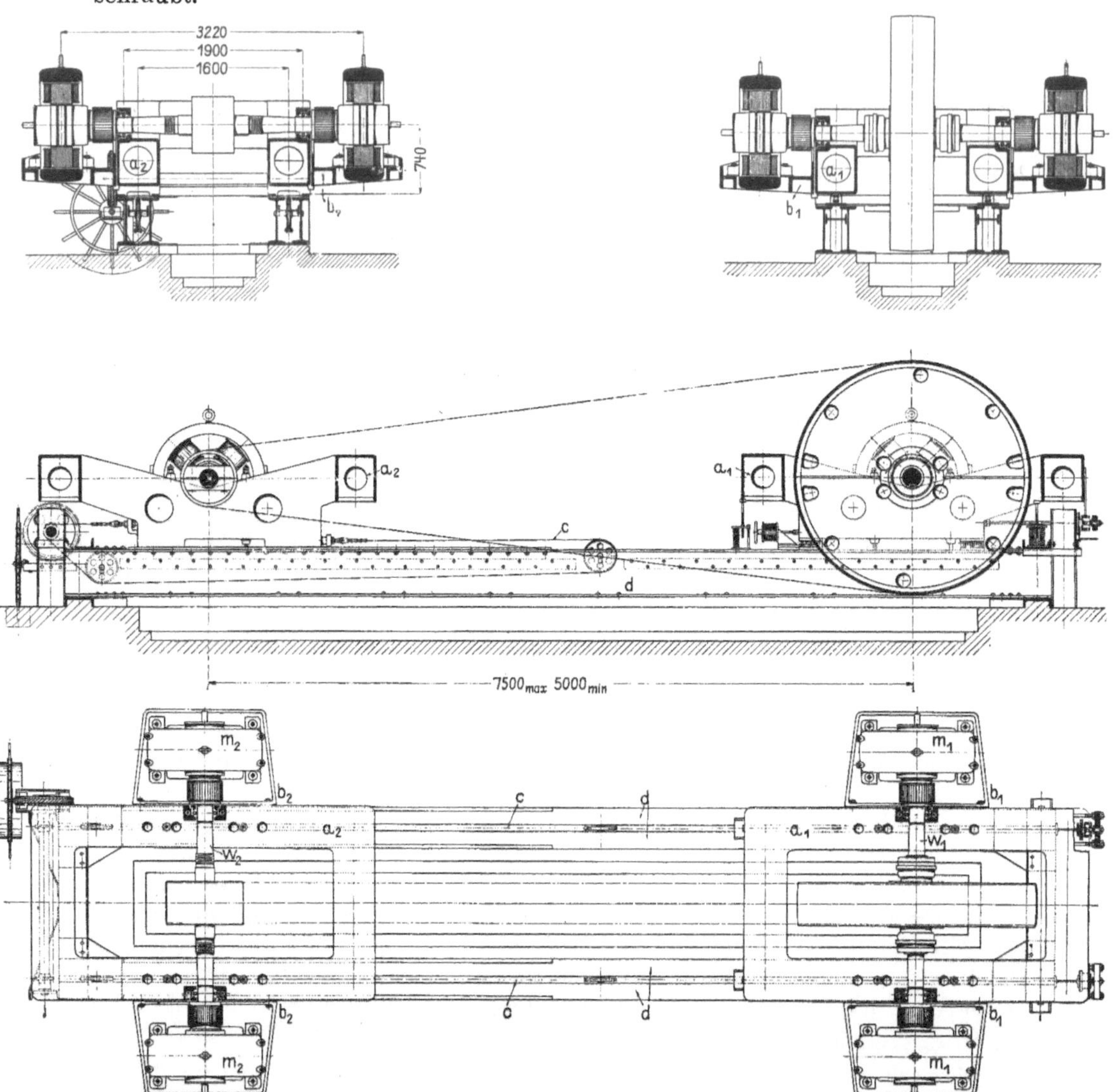

Fig. 11 bis 14. Ausgeführte Versuchsanordnung.

Diese Versuchsmaschine eröffnete die Aussicht auf genaue Messungen, erforderte aber wegen der beiden Gußrahmen höhere Anlagekosten als die ursprüngliche Anordnung. Während diese eine vorübergehende Einrichtung darstellte, erscheint die ausgeführte Maschine als eine für dauernde Benutzung geschaffene Anlage.

Die Abmessungen der Versuchsmaschine wurden folgendermaßen gewählt:

größte übertragbare Leistung = 200 PS bei $n = 600$,
Leistung eines jeden Elektromotors = 100 PS bei $n = 600$,
Umlaufzahl regelbar von $n = 200$ bis 600,
Riemenscheiben: 2500 mm Durchmesser und 400 mm Breite,
»   1250 »   »   » 600 »   »
»   600 »   »   » 1000 »   »
Seilscheiben: 2500 »   »   » 4 Rillen,
»   1500 »   »   » 6   »
»   1040 »   »   » 9   »
kleinster Achsenabstand = 5000 mm
größter »   = 7500 »
Lagerentfernung   = 1900 »
Wellendicke in der Scheibennabe = 200 mm.

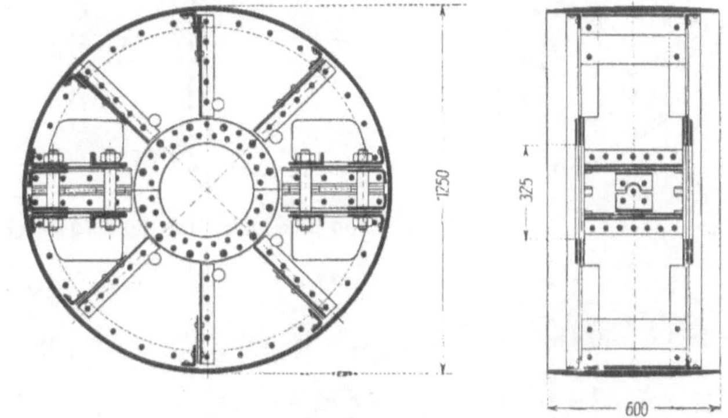

Fig. 15 und 16. Riemenscheibe von 1250 mm Dmr., Gewicht 722 kg.

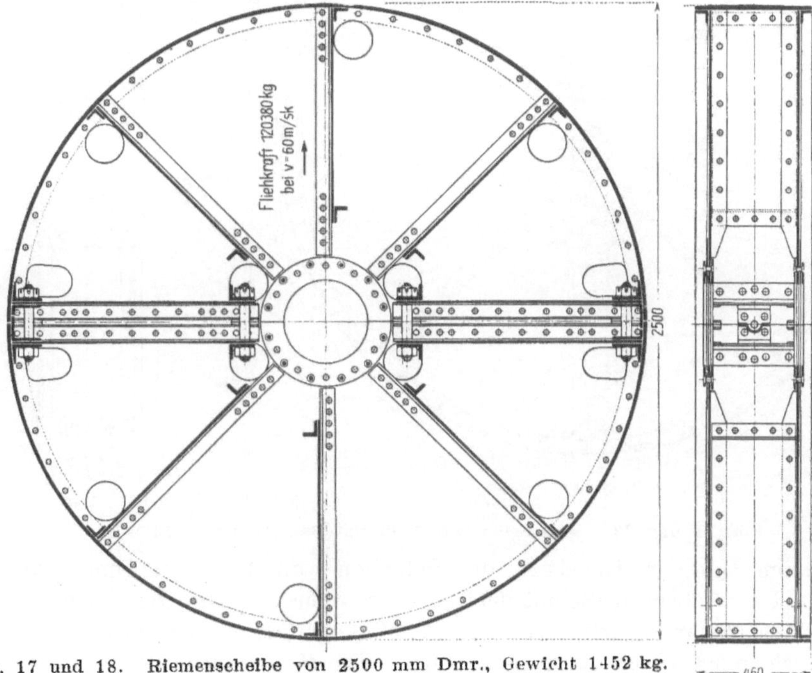

Fig. 17 und 18. Riemenscheibe von 2500 mm Dmr., Gewicht 1452 kg.

Die Riemen- und Seil-Scheiben waren ursprünglich als normale gußeiserne Scheiben in Aussicht genommen. Derartige Scheiben hätten nur Riemengeschwindigkeiten bis zu 30 m/sk zugelassen. Es erschien aber gerade mit Rücksicht auf den bestehenden Streit über den Einfluß der Geschwindigkeit auf die Belastungsgrenzen dringend erwünscht, über die normalen Geschwindigkeiten beträchtlich hinauszugehen. Man mußte sich daher entschließen, nur die Scheiben

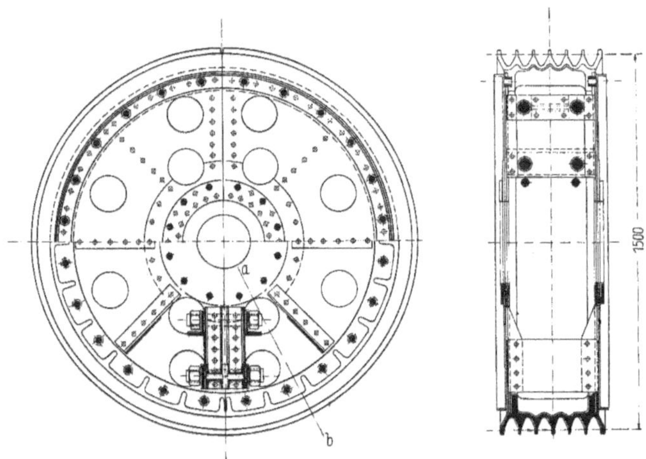

Fig. 19 und 20. Seilscheibe von 1500 mm Dmr., Gewicht 1215 kg.

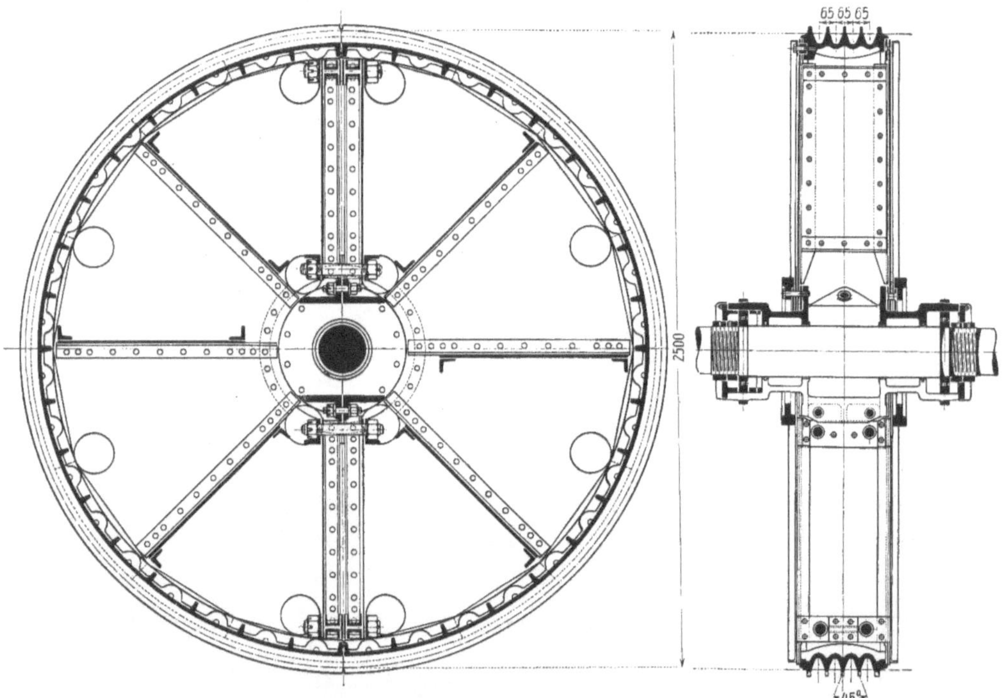

Fig. 21 und 22. Seilscheibe von 2500 mm Dmr., Gewicht 2350 kg.

von 600 mm Dmr. in Gußeisen, die Scheiben von 1250 mm Dmr. und von 2500 mm Dmr. aber in Schmiedeeisen auszuführen. Die Scheiben wurden aus zwei Blechwänden mit angenieteten Winkelringen hergestellt, auf die ein starkes gebogenes Blech aufgenietet wurde. Die Konstruktion wurde besonders erschwert durch den Umstand, daß man wegen der beiderseits fliegend auf die Welle aufgesetzten Anker die Scheiben zweiteilig herstellen mußte. Die Riemenscheiben von 1250 mm Dmr., Fig. 15 und 16, wurden für 40 m/sk, die Scheiben von 2500 mm Dmr., Fig. 17 und 18, für 60 m/sk Umfangsgeschwindigkeit gebaut; die Fliehkraft, der die Verschraubung der beiden Hälften Widerstand leisten muß, beträgt bei den Scheiben von 2500 mm Dmr. 120 t.

Auch bei den Seilscheiben wurden Versuche mit Geschwindigkeiten bis zu 40 m/sk verlangt, weil der Antrieb von Drahtstraßen Seiltriebe mit derartigen Geschwindigkeiten erfordert und weil auch hier der Einfluß der Geschwindigkeit auf die Belastungsgrenzen erforscht werden sollte. Die Seilscheiben, Fig. 19 bis 22, wurden daher ebenfalls aus doppelten Blechwänden hergestellt, zwischen die gußeiserne Felgen mittels eingefräster Stahlringe geschraubt waren.

Um die Kosten der Scheiben möglichst zu verringern, wurde für jede der beiden Wellen nur eine einzige Nabe hergestellt. Diese Nabe, Fig. 23 bis 25, bildet im wesentlichen ein röhrenförmiges Stahlgußstück, das zweiteilig aus-

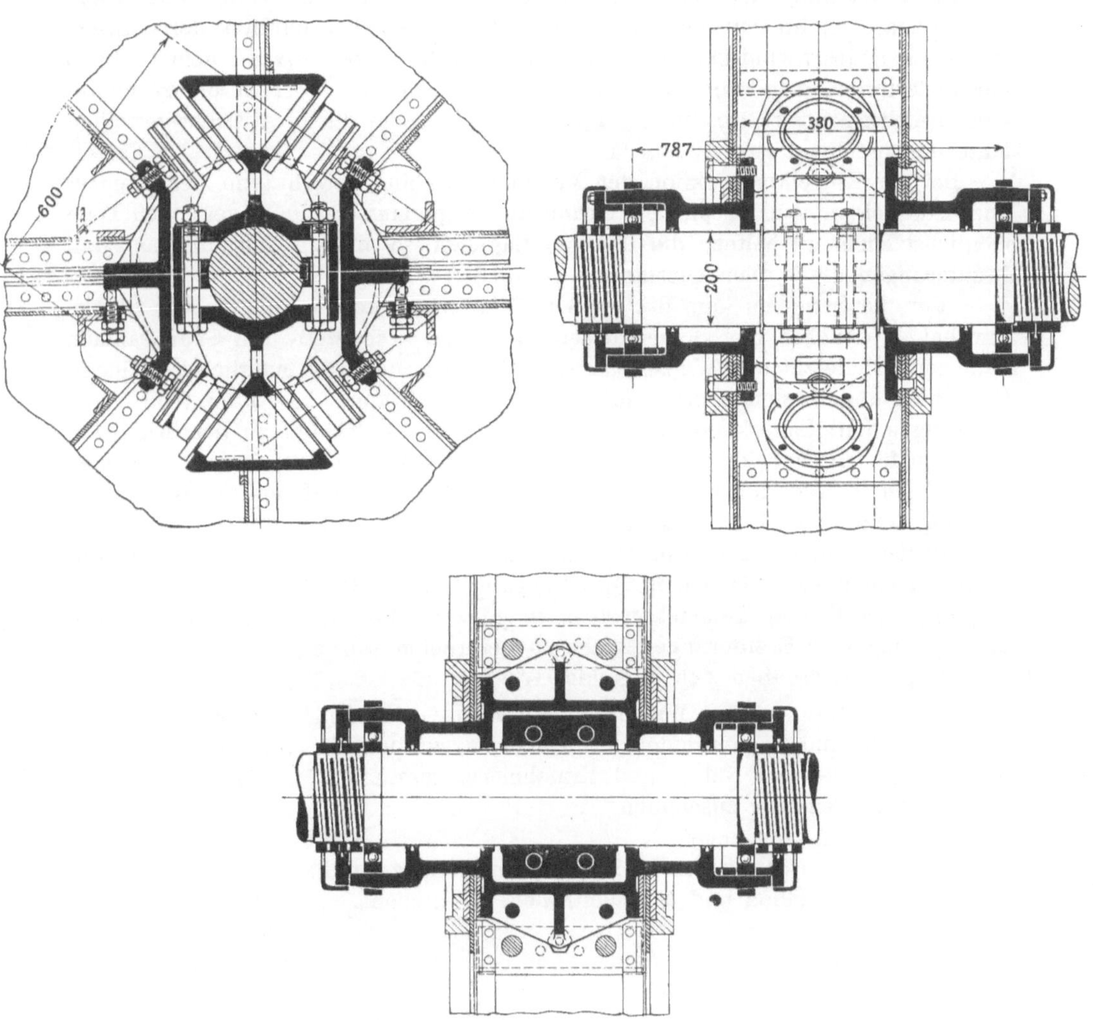

Fig. 23 bis 25. Gemeinsame Nabe sämtlicher Scheiben.

geführt ist, um es gegebenenfalls losnehmen zu können, ohne die Anker von der Welle abzuziehen. An die Flanschen dieses Stahlgußstückes werden unmittelbar die Blechwände der Scheiben angeschraubt. Die Fliehkraft der Scheibenhälften wird durch einteilige schmiedeiserne Ringe aufgenommen, die über die kegelig abgedrehten Verstärkungsringe der Blechwände übergeschoben und mit den Befestigungsschrauben angepreßt werden.

Es war beabsichtigt, außer der mittelbaren elektrischen Messung der Drehmomente noch eine unmittelbare mechanische auszuführen. Zu diesem Zweck wurde die Nabe nicht fest auf die Welle gekeilt, sondern mit Kugellagern lose drehbar aufgesetzt. Fest aufgekeilt wurde lediglich ein gußeiserner Mitnehmer, der innerhalb der drehbaren Nabe angeordnet wurde. Zwischen Mitnehmer und Nabe sollten Vorrichtungen zur Druckmessung geschaltet werden. Es stellte sich indessen heraus, daß zeitraubende Vorarbeiten notwendig gewesen wären, um diese Meßvorrichtungen zu sicherem Arbeiten zu bringen; man sah daher vorläufig von der Anwendung dieser Kontrollmessung ab, um sie später besser durchbilden zu können.

Die Herstellung der Scheiben aus Schmiedeisen und in völlig ungewöhnlicher Bauart erhöhte naturgemäß die Anlagekosten sehr beträchtlich; der Wunsch, mit höheren Geschwindigkeiten zu arbeiten, erschien aber sowohl dem Verband der Ledertreibriemen-Fabrikanten Deutschlands wie dem Verein deutscher Ingenieure dringend genug, um für diese Grenzversuche die in Aussicht gestellten Mittel entsprechend zu vergrößern.

Bei der Einzelkonstruktion der Versuchsmaschine sowohl wie der Riemen- und Seilscheiben wurde von dem Grundsatz ausgegangen, die beweglichen Teile möglichst leicht zu halten, die Rahmen dagegen so massig auszuführen, daß Erzitterungen unter allen Umständen vermieden würden.

Für die Scheiben kam der großen Geschwindigkeit wegen — wie bereits erwähnt — ohnehin nur Schmiedeisen in Frage. Die Meß- und Spannrahmen hätte man vielleicht aus Walzeisen nieten können, um mit möglichst geringen Gewichten und Kosten auszukommen. Die Befürchtung, daß dann jedoch Erzitterungen und Lagerklemmungen auftreten könnten, führten zu der Wahl von Gußeisen für diese beiden Rahmen; die Folge dieses Entschlusses war allerdings ein ziemlich beträchtliches Gewicht von 4,3 t für jeden Rahmen, ausschließlich der angeschraubten beiden Armstücke, die zusammen 1,6 t wogen. Die Bearbeitung der Rahmen beschränkte sich allerdings auf die Lagerbohrungen und auf die kleinen Hobelflächen für die Führungslineale. Der Grundrahmen wurde hingegen aus Ⲑ-Eisen genietet, weil er in ganzer Länge auf dem Unterbau aufliegt, so daß hier Erzitterungen nicht zu befürchten waren.

Insgesamt ergaben sich folgende Gewichte:

Grundrahmen aus Walzeisen mit Spannvorrichtung .	9000 kg
Meß- und Spannrahmen aus Gußeisen, zusammen .	11800 »
2 Wellen mit Naben und Mitnehmern, zusammen .	2100 »
4 Polgehäuse, zusammen	9200 »
4 Anker, zusammen	2800 »
6 Riemenscheiben und 1 Riemenspannrolle, zusammen	6200 »
6 Seilscheiben und 2 Seilleitrollen, zusammen . . .	9900 »
	51000 kg.

Die Einzelgewichte der Riemen- und Seilscheiben sind in die Zeichnungen Fig. 15 bis Fig. 22 eingeschrieben.

Auch die Einstellung auf verschiedene Umlaufzahlen mußte mit anderen als den ursprünglich geplanten Mitteln durchgeführt werden. Die Ber-

lin-Anhaltische Maschinenbau A.-G., in deren Dessauer Werk die Versuche ausgeführt werden sollten, hatte so starke Beschäftigung erhalten, daß kein Raum
mehr verfügbar war. Zudem erschien es erwünscht, die Versuche in Berlin
auszuführen, weil der Berichterstatter dann in der Lage war, seine Assistenten
als Hülfskräfte zu den Versuchen heranzuziehen, und weil beträchtliche Reise-
kosten erspart wurden.

Eine günstige Gelegenheit bot sich dadurch, daß die Siemens-Schuckert
Werke einen Raum kostenlos zur Verfügung stellten und sich gleichzeitig bereit
erklärten, den erforderlichen elektrischen Strom zu dem mäßigen Preise von
0,15 $\mathcal{M}$ für die Kilowattstunde zur Verfügung zu stellen. Die Berlin-Anhaltische
Maschinenbau A.-G. erklärte sich bereit, als Ersatz für Raum und Kraft eine
bare Zuwendung zu den Versuchen bereit zu stellen.

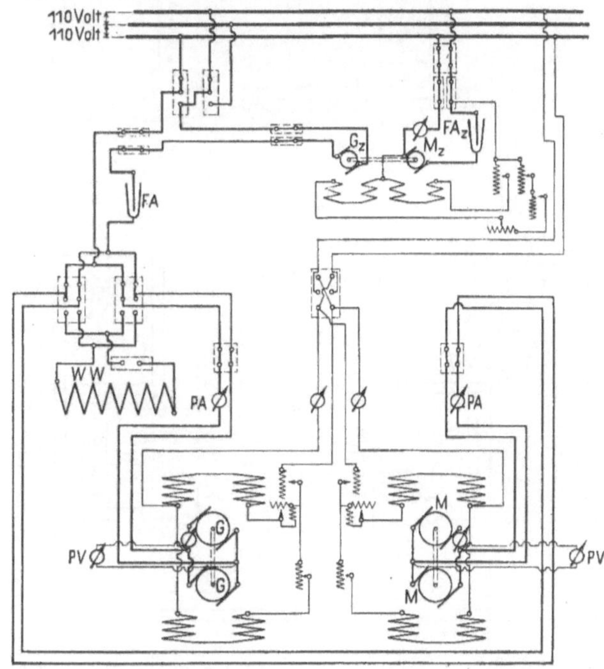

$M\,M$ = Motoren der Versuchsmaschine	$W\,W$ = Wasserwiderstand
$G\,G$ = Generatoren der Versuchsmaschine	$F\,A$ = Flüssigkeitsanlasser der Versuchs-
M_z = Motor der Zusatzmaschine	maschine
G_z = Generator der Zusatzmaschine	$F\,A_z$ = Flüssigkeitsanlasser der Zusatz-
$P\,A$ = Präzisions-Amperemeter	maschine
$P\,V$ = Präzisions-Voltmeter	

Fig. 26.   Schaltung für die Uebersetzung $i = 1:1$.

Diese Verlegung des Versuchplatzes war für die Regelung der Umlaufzahl insofern günstig, als in den Siemens-Schuckert Werken zwei verschiedene
Spannungen von 110 und 220 V zur Verfügung standen, an die man die Anker
der Motoren und Generatoren beliebig anlegen konnte.

Eine weitergehende Regelung wurde dadurch möglich, daß eine Zusatzmaschine zur Erhöhung der Netzspannung verwendet wurde.

Sehr einfach gestaltete sich die Schaltung bei Riemenübersetzungen 1:1,
weil dann der Generator die gleiche Spannung erzeugte, wie sie dem Motor zu-
geführt wurde. Sowohl die Motoren wie die Generatoren wurden in diesem
Fall unmittelbar an Netz + Zusatzmaschine gelegt, Fig. 26. Die Felder des
Motors der Zusatzmaschine und der Motoren und Generatoren der Versuchsmaschine wurden entsprechend geregelt.

Bei Uebersetzungen, die größer oder kleiner als 1 : 1 waren, wurden nur die Motoren an Netz + Zusatzmaschine gelegt, während die Generatoren auf einen Wasserwiderstand geschaltet wurden, Fig. 27.

Die Drehrichtung konnte durch einen für die vier Felder gemeinsamen Umschalter umgekehrt werden.

Fig. 28 gibt ein Bild der fertig aufgestellten Maschine mit Riemenscheiben von 2500 mm Dmr. auf den Wellen beider Rahmen.

Eine besondere Einrichtung Fig. 29 bis 31 wurde noch getroffen, um Riemenversuche mit Spannrolle ausführen zu können. Zu diesem Zweck wurden auf dem Spannrahmen zwei **U**-Eisenarme gelagert, die durch Flacheisenstützen in

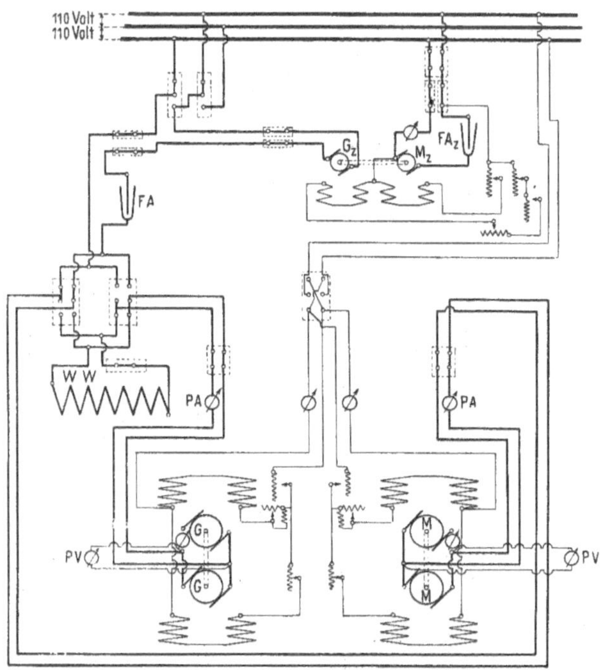

$M\,M$ = Motoren der Versuchsmaschine	$W\,W$ = Wasserwiderstand	
$G\,G$ = Generatoren der Versuchsmaschine	$F\,A$ = Flüssigkeitsanlasser der Versuchs-	
M_z = Motor der Zusatzmaschine	maschine	
G_z = Generator der Zusatzmaschine	$F\,A_z$ = Flüssigkeitsanlasser der Zusatz-	
$P\,A$ = Präzisions-Amperemeter	maschine	
$P\,V$ = Präzisions-Voltmeter		

Fig. 27. Schaltung für Uebersetzung $i \gtrless 1 : 1$.

steiler Stellung gehalten wurden. Ein Bolzen diente zur gegenseitigen Verbindung, wobei Diagonalverspannungen die Absteifung besorgten. Drei Bohrungen in den Eisenarmen und vier Löcher in den Flacheisenstützen gestatteten, die Spannrolle für die Scheiben von 600 und 1250 mm Dmr. und für verschiedene umspannte Bogen einzustellen, Fig. 32 und 33. Auf den Distanzbolzen wurde mit Kugellagern die Spannrolle drehbar aufgesetzt. Letztere, Fig. 34 und 35, wurde der hohen Geschwindigkeit wegen wieder aus zwei Blechwänden mit Blechkranz und Gußeisennabe hergestellt, und zwar alles einteilig.

Ferner wurde eine Vorkehrung getroffen, um Versuche mit Kreisseiltrieb ausführen zu können. Ein lotrechter Rahmen aus doppelten **U**-Eisen wurde hinter dem Spannrahmen aufgestellt; zwischen den **U**-Eisen konnte in verschiedener Höhenlage und Schrägstellung der Bolzen der Spannrolle mittels zweier Gußstücke festgeklemmt werden. Die Seilleitrolle wurde nach Art der Fördergerüstseilscheiben aus einem Winkeleisenkranz mit Flacheisenrahmen hergestellt. Fig. 36 zeigt Rahmen und Leitrolle.

Bei der Ausgestaltung der Maschine wurde der Berichterstatter unterstützt durch den freundlichen und wertvollen Rat der Herren:

Geheimer Regierungsrat Professor Dr. Ing. Martens in Berlin-Dahlem,
Baudirektor Professor Dr. Ing. von Bach in Stuttgart,
Oberingenieur Böhmländer in Nürnberg,
Oberingenieur Friedrichs in Benrath.

Fig. 28.

Die Einzelkonstruktion der Versuchsmaschine und der Riemen und Seilscheiben wurde durchgeführt von meinen damaligen Assistenten, den Herren Ingenieuren Hocke und Heßling.

Die Schaltung der elektrischen Maschinen wurde entworfen von Herrn Ingenieur Gebele der Siemens-Schuckert Werke.

Die Versuche selbst wurden im einzelnen unter Leitung des Herrn Konstruktions-Ingenieurs Dr. Ing. Heinel durchgeführt durch Herrn Dipl.-Ing. Geisler.

Die Auswertung und Zusammenstellung der Ergebnisse wurde hauptsächlich durch die Herren Dipl.-Ing. Geisler und Dipl.-Ing. Levetzow bewirkt.

2*

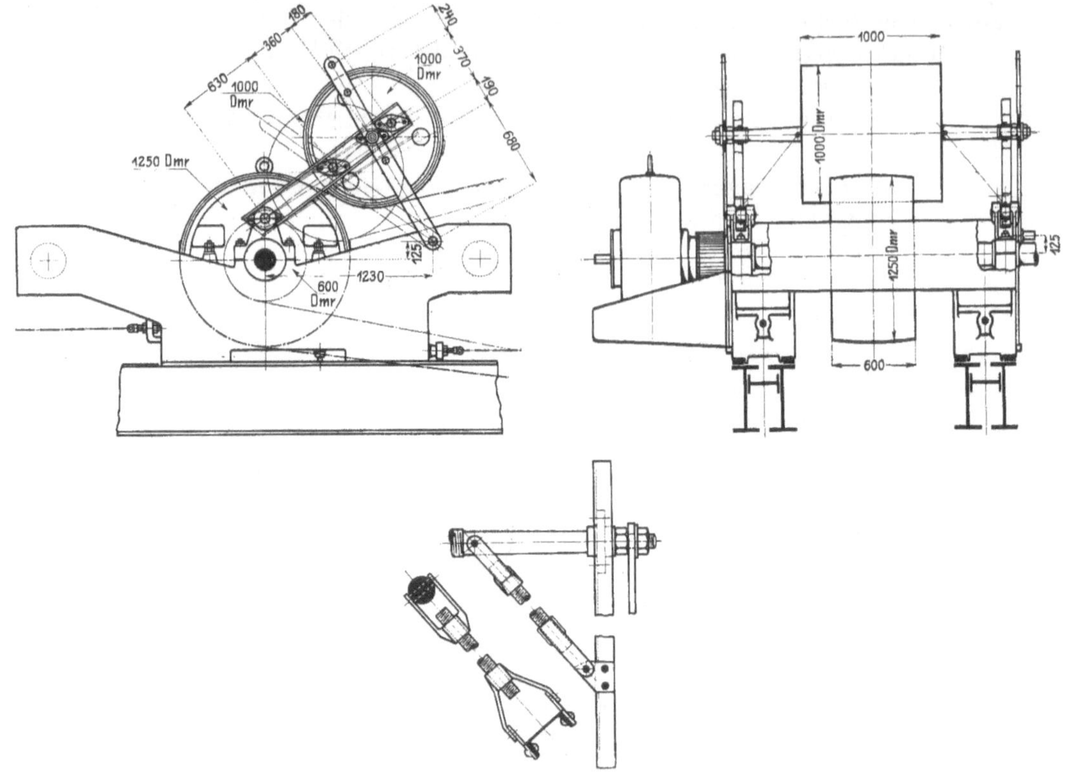

Fig. 29 bis 31. Lagerung der Spannrolle.

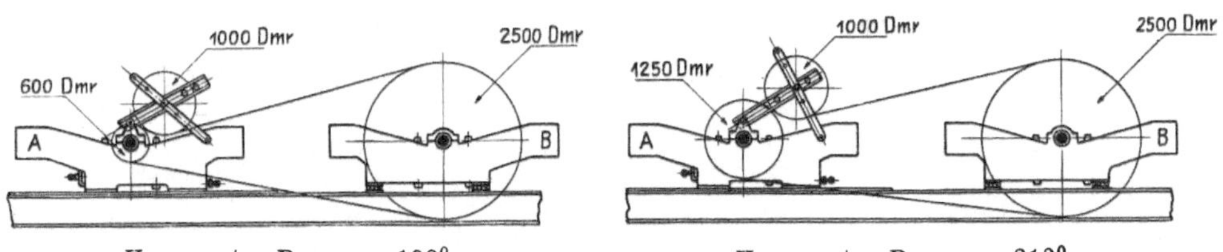

Umspannter Bogen = 192⁰.   Umspannter Bogen = 212⁰.

Fig. 32 und 33. Grenzstellungen der Spannrolle für Scheiben von 600 und 1250 mm Dmr.

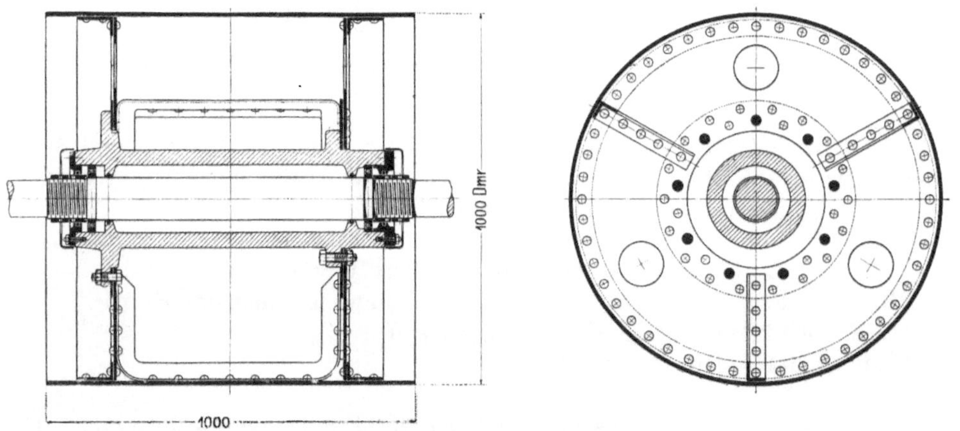

Fig. 34 und 35. Spannrolle.

Ihnen allen sei für Rat und Mitarbeit auch hier besonderer Dank ausgesprochen.

Die Versuchsmaschine wurde ausgeführt in den Werkstätten der Siemens-Schuckert Werke; die schwierigen schmiedeisernen Riemen- und Seilscheiben wurden von der Maschinenbaugesellschaft Nürnberg hergestellt, und

Fig. 36.   Leitrolle zum Kreisseiltrieb.

zwar für eine Summe, die beträchtlich unter den Selbstkosten lag. Die Kugellager wurden von den Deutschen Waffen- und Munitionsfabriken zunächst geliehen und später der Technischen Hochschule zu dauerndem Gebrauch überwiesen.

3) Meß-Einrichtungen.

Es waren zu messen: die eingeleitete und abgeführte elektrische Leistung, die Riemenspannung und die Umlaufzahlen der beiden Wellen.

Bei der Auswahl der Meß-Einrichtungen mußte mit der Möglichkeit gerechnet werden, daß infolge von Schwingungen die Nadeln der Instrumente nicht ruhig stehen, sondern schwanken würden, so daß genaue Ablesungen nicht gemacht werden könnten. Aus diesem Grund wurden für die Messung der elektrischen Leistungen graphische Leistungsmesser, und zwar solche mit Funkenschrift der Siemens & Halske A.-G. bereit gestellt, die der Berichterstatter für Untersuchungen an Hebemaschinen benutzt. Glücklicherweise traten jedoch infolge der genauen und sicheren Lagerung der Wellen keinerlei Erzitterungen auf, so daß man die umständlichen graphischen Instrumente durch gewöhnliche Präzisions-Spannungs- und Strommesser der Siemens & Halske A.-G. ersetzen konnte, wodurch die Ablesungen sehr vereinfacht wurden.

Es wurden folgende Instrumente in Zeiträumen von 2 Minuten abgelesen:

> Strommesser der Motorengruppe,
> Spannungsmesser der Motorengruppe,
> Strommesser der Generatorengruppe,
> Spannungsmesser der Generatorengruppe,
> Manometer der vorderen Meßdose,
> Manometer der hinteren Meßdose.

Vor Beginn und nach Schluß eines jeden Versuches von 10 Minuten Dauer wurden abgelesen:

> die beiden Umlaufzähler,
> die beiden Manometer und
> der Achsenabstand.

So einfach die Messung der elektrischen Leistungen war, so schwierig gestaltete sich die zuverlässige Messung der Riemenspannung. Es war von vornherein zu erwarten, daß es nicht gelingen würde, die Riemenscheiben und die Motoranker so genau auszugleichen, daß außerachsige Schwerpunktlagen ausgeschlossen würden. Es mußte daher die Meßeinrichtung so beschaffen sein, daß sie trotz der bei 600 Umdrehungen zu erwartenden beträchtlichen Schwingungen gute Ablesungen zuließ. Messungen durch Wiegehebel mit Gewichtbelastungen waren von vornherein auszuschließen. Auch Federdynamometer würden wegen des großen Hubes ihrer Federn sehr starke Pendelbewegungen veranlaßt haben. Es kam vielmehr darauf an, den Meßhub so klein wie nur irgend möglich zu machen, damit die unvermeidlichen Schwingungen wenigstens recht kurz ausfielen.

Als das einzig geeignete Meßgerät erschien die Meßdose, die von dem Amerikaner Emery eingeführt und von Martens außerordentlich vervollkommnet worden ist[1]).

Es wurden daher zwei Meßdosen genau derselben Bauart beschafft, wie sie Martens als Normalinstrument für das neue Materialprüfungsamt in Groß-Lichterfelde eingeführt hat. Die Stempel der Meßdosen wurden mittels Querstücke und je zwei Zugstangen mit dem Meßrahmen verbunden, so daß sich der Riemenzug unmittelbar auf die beiden Meßdosen übertrug. An diese Meßdosen wurden mittels Kupferröhrchen Manometer angeschlossen, die vorsichtshalber für graphische Meßung eingerichtet wurden. Die Manometer wurden an dem Schaltbrett neben den Spannungs- und Strommessern befestigt, um übersichtliche Ablesungen zu ermöglichen.

Zur genauen Einstellung des Flüssigkeitsinhaltes des ganzen Systems wurden besondere Preßdosen, Fig. 37 und 38, in die Rohrleitungen eingeschaltet. Diese waren ebenso wie die Meßdosen gebaut, nur mit dem Unterschied, daß der auf der Membran lastende Stempel durch eine Stellschraube belastet wurde. Diese

---

[1]) Mitteilungen über Forschungsarbeiten Heft 38.

Einrichtung bedeutete im Grunde genommen nichts anderes als eine Nullstellung
für die Zeiger der Manometer.

Grundsätzlich haben sich diese Meßdosen für den vorliegenden Zweck
vorzüglich bewährt; aber es bedurfte sehr zeitraubender Vorversuche und Erfahrungen, ehe diese Meßeinrichtungen den besonderen Verhältnissen angepaßt
waren.

Zunächst stellte sich heraus, daß der Hub von 0,2 mm der Meßdosen, der
für die ruhenden Kräfte der Materialprüfmaschinen vollkommen ausreicht, für
die vorliegenden Verhältnisse viel zu klein war und beträchtlich vergrößert

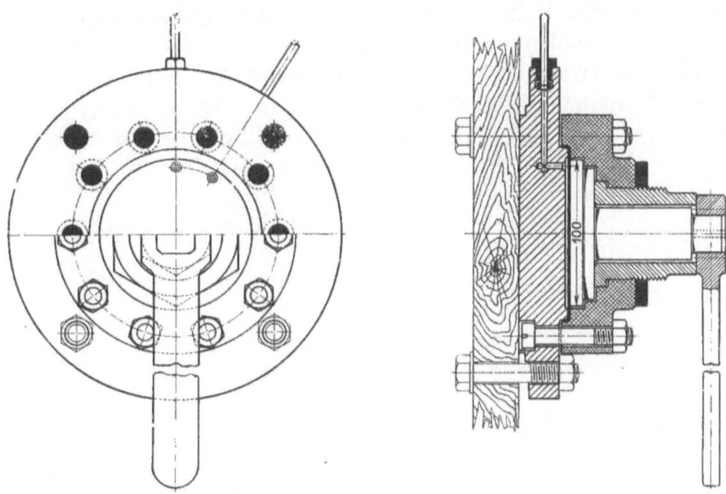

Fig. 37 und 38. Preßdose.

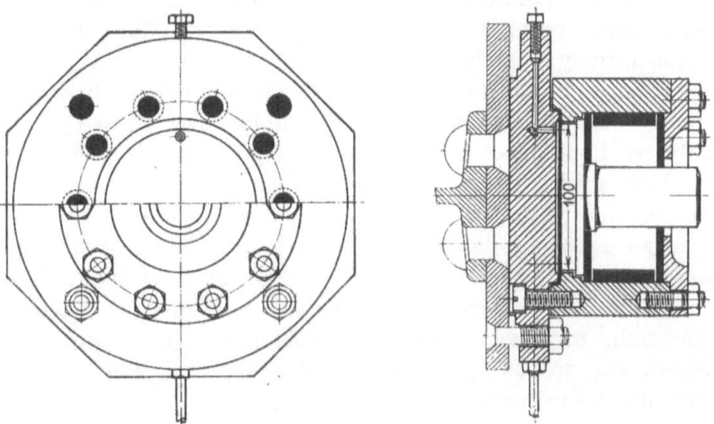

Fig. 39 und 40. Meßdose.

werden mußte. Es zeigte sich nämlich, daß die rund 10 m langen Kupferröhrchen,
die 5 mm lichte Weite und 1 mm Wandstärke besaßen, zu weit und so schwach
waren, daß ihre Formänderung den Manometerausschlag wesentlich veränderte:
die Röhrchen wirkten wie eingeschaltete Federn. Es wäre sehr viel besser gewesen, Röhrchen von nur 3 mm lichter Weite zü nehmen, wie später bei der
Neuaufstellung der Versuchsmaschine.

Zur Vergrößerung des Hubes der Meßdosen mußte das abschließende
dünne Messingblech durch eine biegsame Membran ersetzt werden. Man ver-
suchte erst eine dünne Gummiplatte, fand aber, daß diese in den schmalen

Spalt zwischen Deckel und Dosenwand hineinkroch. Schließlich wurde eine
dünne Gummiplatte mit untergelegter dünner aber kräftiger Leinwand als die
für den vorliegenden Zweck — Messung von rasch wechselnden Kräften — ge-
eignetste Membran erprobt. Es wurde damit ein Hub von 1,0 mm erzielt. Die
ursprüngliche Parallelführung des Stempels vermittels zweier Membrane mußte
durch eine Schiebeführung ersetzt werden, um den erforderlichen großen Hub zu
ermöglichen. Die Reibung der Schiebeführung ist etwas größer, aber wegen
der Erzitterungen unschädlich. Die Meßdose nahm dadurch die in Fig. 39
und 40 sichtbare Gestalt an.

Meßdosen gewähren für Messungen, bei denen Schwingungen auftreten,
den großen Vorteil, daß eine Dämpfung in sehr einfacher Weise durch Ver-
engung der Leitung zwischen Dose und Manometer hervorgerufen werden kann.
Nach längeren Versuchen bewährte sich die in Fig. 41 dargestellte Drosselbüchse recht gut. Sie besteht aus einem Rotgußstück, in das mehrere Messing-

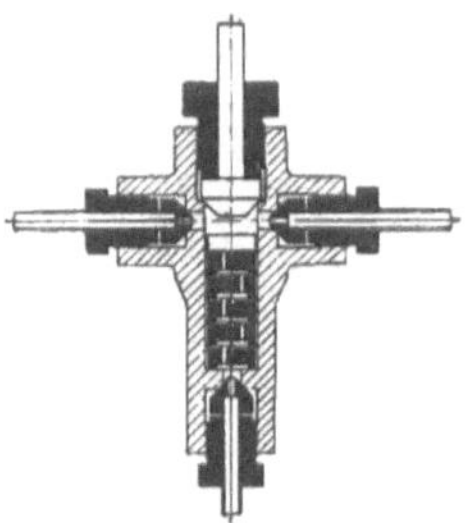

Fig. 41. Drosselbüchse.

scheiben eingelegt sind, von denen jede eine feine Bohrung erhielt. Durch diese
Dämpfung wurde die Nadelbewegung der Manometer so weit vermindert, daß
man die Manometer unmittelbar ablesen konnte, so daß die umständliche
graphische Ausmittlung entbehrlich wurde.

In dieser Form bewährte sich die Meßeinrichtung bei kleineren Drücken
bis zu 300 und bei größeren bis zu 400 Uml./min. Die Schwingungsbewegung
war bis dahin so klein, daß die Manometerzeiger hinreichend ruhig standen,
andererseits doch groß genug, um die Reibung der auf Kugeln gelagerten
Rahmen nahezu auszuschalten. Bei höheren Umlaufzahlen wurden aber die
Schwingungen zu groß, als daß sie durch Drosselung noch genügend gedämpft
werden konnten, weil die Entlastung der Welle durch die Fliehkraft des Riemens
den Druck auf die Dose während des Betriebes allzusehr verkleinerte. Man
half sich dadurch, daß man durch 2 Gruppen von je 3 wagerecht gelegten
Schraubenfedern von je 350 kg Tragkraft, Fig. 42, eine künstliche, zusätzliche
Belastung der Meßdosen herbeiführte.

Bei 600 Uml./min mußte man, um genügende Dämpfung herbeizuführen,
diese zusätzliche Belastung so weit verstärken, daß der Schwingungshub kleiner
als 0,2 mm wurde. Dieser kleine Hub reichte aber nicht mehr aus, um die
Reibung der Tragkugeln des Meßrahmens auszuschalten, man mußte daher auf
eine Entlastung der Tragkugeln bedacht sein. Diese wurde in sehr einfacher
Weise dadurch erreicht, daß unter dem Meßrahmen 4 Gruppen von je 2 lotrecht
gestellten Schraubenfedern, Fig. 42, angebracht wurden, die man so weit spannte,
daß das Eigengewicht des Rahmens mit den darauf gelagerten Teilen bis zu
zwei Dritteln von den Entlastungsfedern getragen wurde, so daß die Stahlkugeln
nur noch ein Drittel zu tragen hatten. Durch diese Entlastung wurde der Reibungswiderstand auf 20 kg vermindert, so daß er im Verhältnis zu dem zu
messenden Druck von 300 bis 900 kg vernachlässigt werden konnte.

Schließlich mußte noch der Schlupf gemessen werden. Auch hierfür hatte man zuerst eine graphische Einrichtung vorgesehen — bestehend aus Kontaktgebern an den Wellen, die elektromagnetische Schreibstifte betätigten —, konnte aber schließlich mit einfachen Umlaufzählern auskommen, die mit den Wellen

Fig. 42. Zusätzliche Belastung der Meßdose und Entlastung der Tragkugeln.

gekuppelt wurden. Um genau gleichzeitiges Ein- und Ausrücken für beide Wellen zu sichern, wurden beide Umlaufzähler mit einer elektromagnetischen Einrückvorrichtung ausgerüstet, die durch einen einzigen Schalter vom Schaltbrett aus bedient werden konnte.

4) Eichung der Elektromotoren.

Die naheliegendste Eichung der Elektromotoren — das heißt die Bestimmung ihres Wirkungsgrades — würde darin bestanden haben, daß man den Spannrahmen von dem Grundrahmen abgehoben und neben dem Meßrahmen vorübergehend so aufgestellt hätte, daß die beiden Wellen unmittelbar miteinander gekuppelt werden konnten. Hätte man nun die beiden Maschinen des Meßrahmens als Motoren und die des Spannrahmens als Generatoren an das Netz gelegt, so hätte sich durch Messung der eingeführten und ausgeleiteten elektrischen Leistung unmittelbar der Gesamtwirkungsgrad der ganzen Gruppe feststellen lassen.

Dieses Eichverfahren war aber zunächst technisch kaum ausführbar; denn die Umstellung des 4 t schweren Rahmens mit den darauf befindlichen Elektromotoren hätte einen viel größeren Versuchsraum benötigt, als er tatsächlich verfügbar war. Auch wäre ein Laufkran unbedingt erforderlich gewesen, um diesen Umbau wiederholt in kurzer Zeit ausführen zu können. Eine vollständig genaue Ausrichtung der vier Lager wäre bei der unerläßlichen mehrfachen Wiederholung der Eichung auch kaum möglich gewesen; man hätte daher eine nachgiebige Kupplung zur Verbindung der beiden Wellen benützen müssen, die indessen die Genauigkeit der Messung immerhin wohl etwas beeinträchtigt hätte. Auch darf man nicht vergessen, daß der bei diesem Verfahren gemessene Gesamtwirkungsgrad von Elektromotor und Generator nicht unmittelbar zur Ausmittlung des Riemenwirkungsgrades verwendbar gewesen wäre, sondern daß man bei dieser Eichung, wie bei der tatsächlich ausgeführten, aus dem Gesamtwirkungsgrad immer die Wirkungsgrade der einzelnen Maschinen durch ein Näherungsverfahren erst hätte ermitteln müssen.

Der Umstand, daß sowohl die Motoren als die Generatoren in doppelter Anordnung vorhanden waren — die behufs einer symmetrischen Massenverteilung ausgeführt worden war — ließ eine sehr viel bequemere Feststellung des Wirkungsgrades zu. Es wurde — bei abgenommenem Riemen — die eine Maschine jeder Welle als Motor, die andere als Generator geschaltet und die Gesamtwirkungsgrade der beiden getrennten Gruppen gemessen. Dann wurde die Schaltung umgekehrt und abermals die Wirkungsgrade der beiden Gruppen festgelegt. Man erhielt auf diese Weise für jede der beiden Wellen zwei Gesamtwirkungsgrade. Die zu je einer Welle gehörigen beiden Messungen lieferten fast durchweg so übereinstimmende Werte, daß sie zu je einer Kurve vereinigt werden konnten. In den nachstehenden Darstellungen — Fig. 43 bis 48,

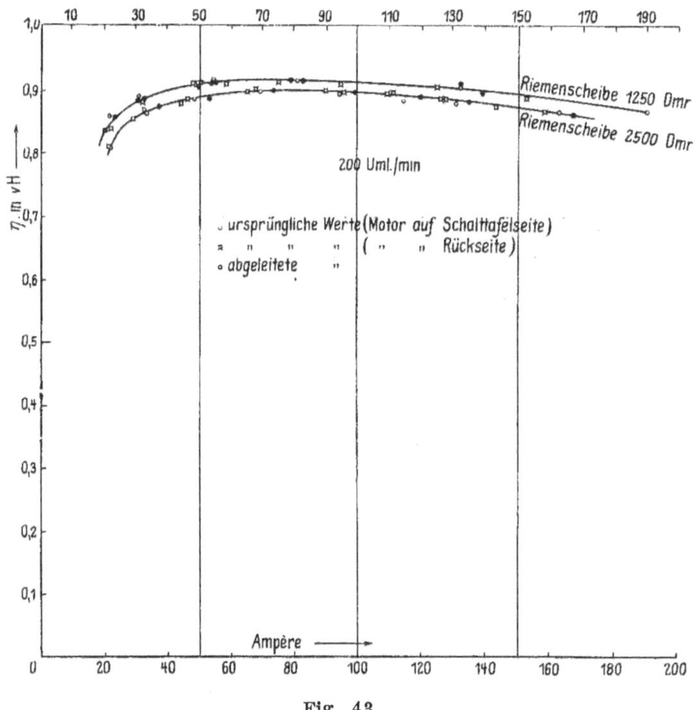

Fig. 43.

die einige herausgegriffene Messungen wiedergeben — sind immer die Werte der einen Messung durch einfache, die der anderen durch gesternte Kreise bezeichnet, so daß man rasch ein Urteil über die Zulässigkeit dieser Vereinigung gewinnen kann.

Zu jedem gemessenen Gesamtwirkungsgrad gehören zwei Stromstärken: die im Motor und die im Generator gemessene Stromstärke. Die Aufzeichnung der Kurven geschah in der Weise, daß als Abszisse das arithmetische Mittel aus den beiden Stromstärken $\frac{A_m + A_g}{2}$ und als Ordinate die Quadratwurzel aus

10 30 50 70 90 110 130 150 170 190
1,0
0,9
0,8
0,7
0,6
0,5
0,4
0,3
0,2
0,1
η in vH
Riemenscheibe 600 Dmr
Riemenscheibe 1250 Dmr
400 Uml./min
ursprüngliche Werte (Motor auf Schalttafelseite)
" " " (" " Rückseite)
abgeleitete "
Ampère
0 20 40 60 80 100 120 140 160 180 200

Fig. 44.

10 30 50 70 90 110 130 150 170 190
1,0
0,9
0,8
0,7
0,6
0,5
0,4
0,3
0,2
0,1
η in vH
Riemenscheibe 600 Dmr
Riemenscheibe 1250 Dmr
600 Uml./min
ursprüngliche Werte (Motor auf Schalttafelseite)
" " " (" " Rückseite)
abgeleitete "
Ampère
0 20 40 60 80 100 120 140 160 180 200

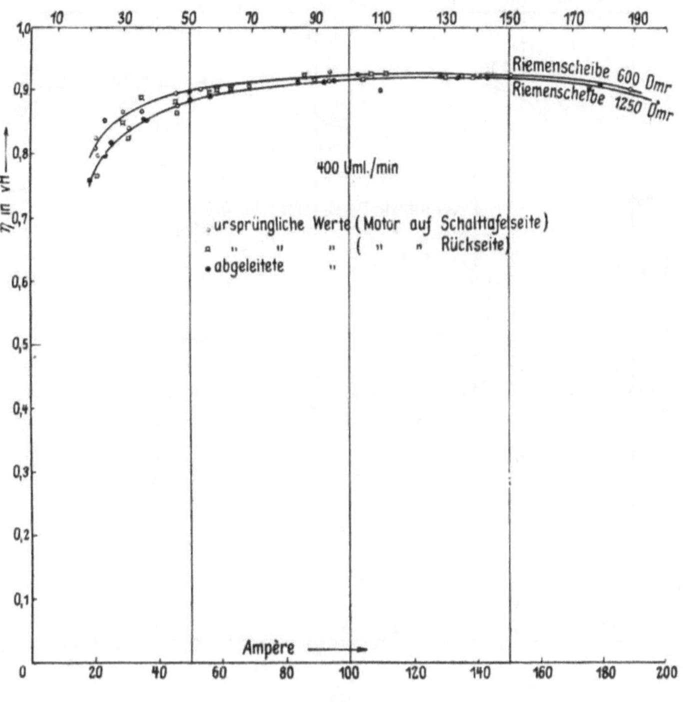

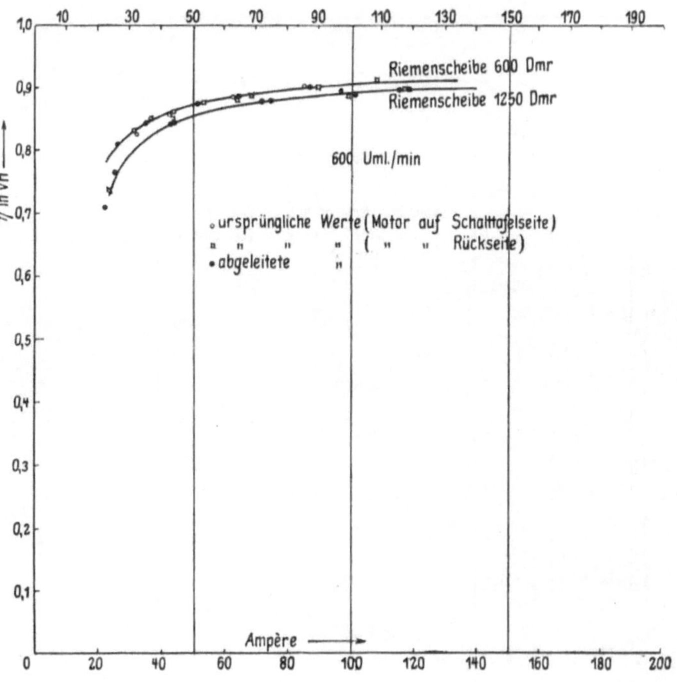

Fig. 45.

1,0
0,9
0,8
0,8
0,7
0,6
0,5
0,4
0,3
0,2
0,1
η in vH
Seilscheibe 1500 Dmr
Seilscheibe 2500 Dmr
200 Uml./min
abgeleitete Werte, Seilscheibe 1500 Dmr
"   "   "   2500 Dmr
Ampère
0   20   40   60   80   100   120   140   160   180   200

Fig. 46.

1,0
0,9
0,8
0,7
0,6
0,5
0,4
0,3
0,2
0,1
η in vH
Seilscheibe 2500 Dmr
Seilscheibe 1500 Dmr
300 Uml./min
abgeleitete Werte, Seilscheibe 1500 Dmr
"   "   "   2500 Dmr
Ampère
0   20   40   60   80   100   120   140   160   180   200

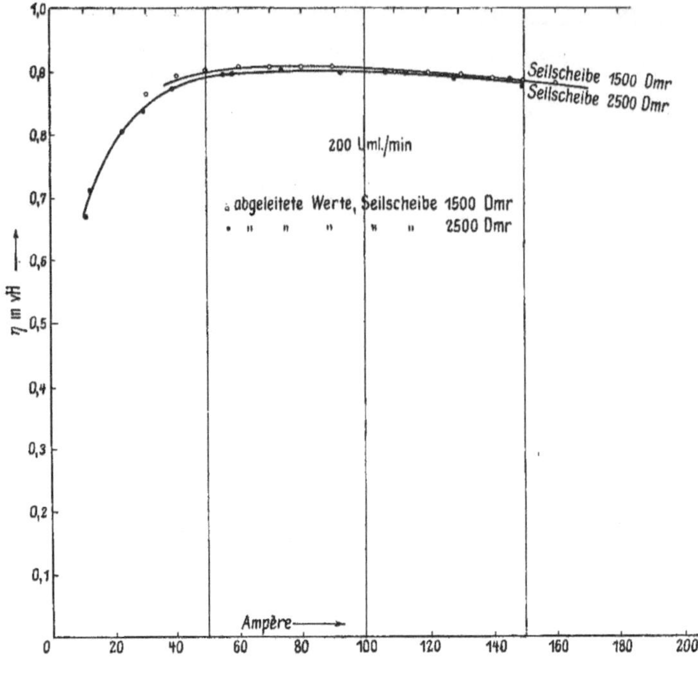

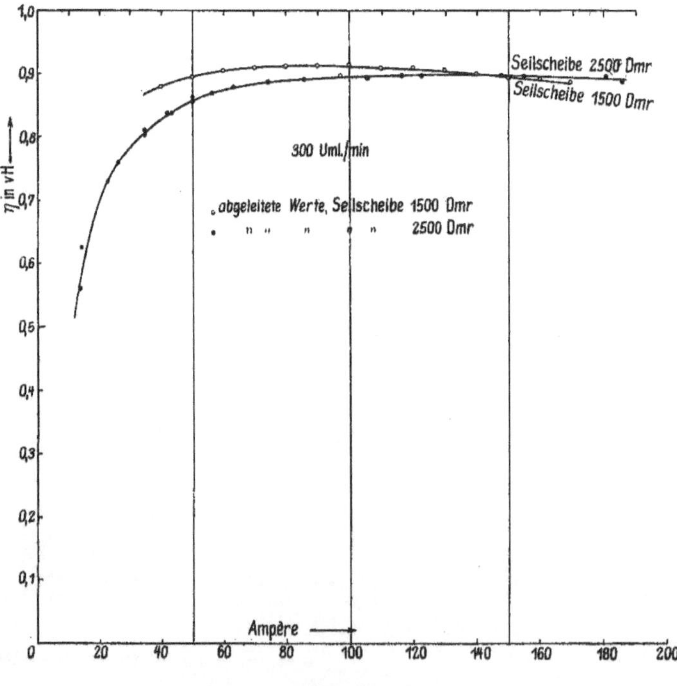

Fig. 47.

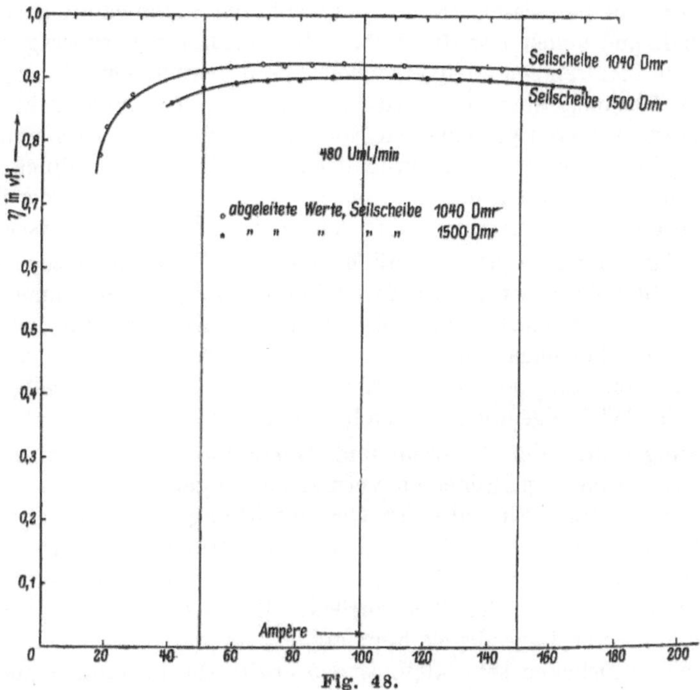

Fig. 48.

dem Gesamtwirkungsgrad — $\sqrt{\eta}$ — aufgetragen wurde. Verbindet man die Ordinatenendpunkte durch eine Kurve, trägt man ferner die Stromstärken A_m und A_g als Abszissen auf und errichtet in ihren Endpunkten Ordinaten, so stellen diese die ersten Annäherungen für die gesuchten Einzelwirkungsgrade η_m des Motors und η_g des Generators dar. Zur genaueren Ermittlung kann man den aus dieser ersten Aufzeichnung abgemessenen Wert für das Verhältnis der beiden Ordinaten $\dfrac{\eta_g}{\eta_m}$ benutzen, indem man die Beziehungen aufstellt:

$$\zeta = \frac{\eta_g}{\eta_m} \quad \ldots \ldots \ldots \ldots \quad (1)$$

$$\eta = \eta_g \times \eta_m \quad \ldots \ldots \ldots \ldots \quad (2).$$

Daraus:

$$\eta_g = \sqrt{\eta\,\zeta}$$

$$\eta_m = \sqrt{\frac{\eta}{\zeta}}.$$

Die auf diese Weise erhaltenen genaueren Werte für η_g und η_m sind in Fig. 43 bis 48 mit schwarz ausgefüllten Kreisen bezeichnet aufgetragen. Wie man sieht, geben diese Punkte stetigere, also wohl genauere Kurven für die Wirkungsgrade.

In dieser Weise wurden die Wirkungsgrade der Motoren und Generatoren für verschiedene Umlaufzahlen und für verschiedene Generatorbelastungen festgestellt. Außerdem wurden die Eichungen mit aufgekeilten Riemenscheiben und Seilscheiben verschiedenen Durchmessers ausgeführt. Größere Scheiben geben wegen ihres größeren Eigengewichts zunächst einen Zuwachs an Lagerreibung, der im Verhältnis zu den Anker-Eigengewichten allerdings sehr gering ist. Von wesentlich größerem Einfluß ist der Luftwiderstand, der mit dem

Durchmesser der Scheiben rasch zunimmt, obwohl die Seitenwände geschlossene Blechwände sind, aus denen nur die halbrunden Nietköpfe hervorragen.

Die aus den zahlreichen Eichversuchen herausgegriffenen, in Fig. 43 bis 48 dargestellten Beispiele sind so geordnet, daß zu einer Umlaufzahl jedesmal die Wirkungsgrade für zwei verschiedene Scheibendurchmesser zusammengestellt sind. Die zwischen den beiden Kurven liegenden Teile der Ordinaten stellen den verhältnismäßigen Zuwachs dar, der durch den Luftwiderstand der größeren Scheibe und durch die Lagerreibung der schwereren Scheibe verursacht wird.

Aus den Fig. 43 bis 48 ist ersichtlich, daß die Wirkungsgrade mit steigender Umlaufzahl fallen; der bei größerer Geschwindigkeit zunehmende Luftwiderstand der Scheiben macht sich also stark bemerkbar. Bei den ersten Eichversuchen war übersehen worden, einige kleine Handlöcher in den Blechwänden der Scheiben von 2500 mm Dmr. zu verschließen; nach erfolgtem Verschluß stiegen die Wirkungsgrade um mehr als 10 vH.

Die Wirkungsgrade der Motoren und Generatoren enthalten die durch Eigengewichte der Anker und Scheiben verursachte Lagerreibung und den Luftwiderstand der Scheiben. Wird also der Gesamtwirkungsgrad der Uebertragung durch diese Wirkungsgrade der Motoren und Generatoren geteilt, so bleibt der Wirkungsgrad des Riemens bezw. der Seile allein ohne Lagerreibung und ohne den Luftwiderstand der Scheiben zurück. Es wird zwar durch den Riemenzug ein wagerechter Lagerdruck hinzugefügt; da dieser aber im Verhältnis zu den senkrechten Drücken sehr klein ist, so ergibt die Resultante aus beiden nur eine verschwindend geringe Zunahme des Lagerdruckes und damit der Lagerreibung. Selbst bei den großen Riemenzügen der hohen Riemengeschwindigkeiten ergibt sich kein nennenswerter Zuwachs, weil die Fliehkraft des Riemens die Lager entlastet, sobald der Riemen läuft.

Die gesamten Eichversuche wurden zwischen die Riemenversuche hinein in der Weise verteilt, daß jedesmal, sobald eine andere Riemenscheibe aufgesetzt wurde, auch wieder ein Eichversuch gemacht wurde. Man sicherte sich dadurch gegen etwaige Aenderungen, die durch veränderte Auflage der Kollektorbürsten oder veränderte Lagerreibung und dergleichen entstehen konnten.

5) Eichung der Meßdosen.

Die Eichung der Meßdosen wurde mit Dehnungsstäben des Kgl. Materialprüfungsamtes vorgenommen, deren Dehnungen im Amt durch unmittelbare Gewichtbelastung unter Vermeidung aller Uebertragungsglieder gemessen wurden. Diese Dehnungsstäbe wurden dann zwischen Meßrahmen und Spannrahmen an Stelle eines Riemens eingespannt, und nun mittels der Spannvorrichtung belastet. Die Dehnungen wurden in üblicher Weise mittels Martens-Spiegelablesung gemessen und gleichzeitig die Manometerstellungen vermerkt.

An jedem Ende des Dehnungsstabes wurde ein Spiegelapparat befestigt; der dem Meßrahmen zugewendete gab die Bewegung des Meßrahmens an, die infolge der Durchbiegung der Manometerfeder entstand; der dem Spannrahmen zugewendete Spiegelapparat gab die zusammengesetzte Bewegung an, die durch die erwähnte Bewegung des Meßrahmens und durch die Dehnung des Meßstabes entstand. Der Unterschied beider Bewegungen ergab die Dehnung des Stabes allein. Die Ablesungen wurden einmal bei steigendem und einmal bei fallendem Druck ausgeführt. In Fig. 49 sind die Eichwerte der vorderen Meßdose dargestellt, und zwar die Manometerablesungen als Ordinaten und die den Dehnungen des Stabes entsprechenden Zugkräfte als Abszissen; man sieht den Unterschied zwischen den Ablesungen bei steigendem und fallendem Druck. Die Mittellinie zwischen den beiden Kurven wurde als Eichmaßstab gewählt. In das Schaubild ist ferner noch der Weg des Meßrahmens eingezeichnet; die Eigenart dieser Kurve ist von der Bauart des Manometers abhängig. Man sieht, daß die Bewegung des Meßrahmens bei einer Belastung der Meßdose von 1000 kg noch nicht ganz 0,4 mm beträgt, daß also mit dieser Meßeinrichtung nach der Angabe von Martens tatsächlich die Ursache zu Erzitterungen des Meßrahmens auf ein Mindestmaß gebracht wurde. In Fig. 50 sind die Eichwerte für die hintere Meßdose eingetragen. An jede Meßdose waren drei Manometer angeschlossen, die bis zu 20 at, 30 at und 45 at reichten, um für kleinere Drücke ge-

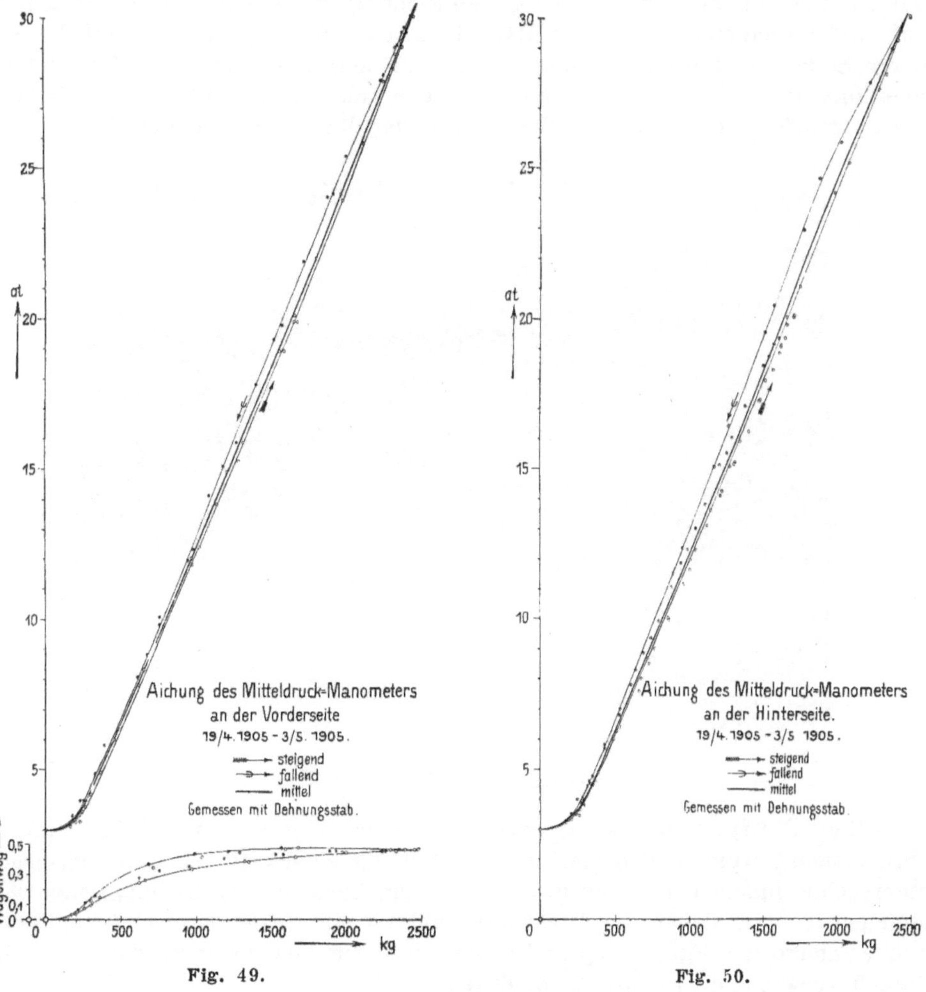

Fig. 49.   Fig. 50.

nauere Ablesungen zu erhalten. Die beiden Schaubilder geben die Eichkurven für die mittleren Manometer von 30 at Höchstdruck.

Diese Eichung wurde im Lauf der Versuche noch einmal wiederholt. Die Prüfung durch Dehnungsstäbe lieferte sehr genaue Werte, war aber auch sehr kostspielig: sie erforderte einen Kostenaufwand von 630 ℳ. Im Gegensatz zu den Prüfungsanstalten andrer Bundesstaaten ist es nämlich dem preußischen Materialprüfungsamt nicht gestattet, für rein wissenschaftliche Zwecke geringere Gebühren zu fordern als für industrielle Zwecke.

Nach Abschluß der vergleichenden Versuche wurde eine neue Eichungs-
art versucht, die mit einer viel einfacheren und weniger empfindlichen Meß-
vorrichtung, unabhängig von vorher auszuführenden Materialprüfungen, zur
Verwendung gelangen konnte. Nach dem Vorschlag von Heinel wurde ein Stahlband von 80 mm Breite und 0,6 mm Dicke mit seinen Enden an den beiden
Rahmen befestigt, Fig. 51, und in seiner Mitte belastet, wobei die Spannvorrichtung so eingestellt wurde, daß der Durchhang des Bandes stets genau derselbe blieb. Die auf diese Weise ermittelten Eichkurven sind in dünnen Linien
in Fig. 52 und 53 dargestellt; die aus der Dehnungsstab-Eichung herrührende
Eichkurve ist als stark ausgezogene Linie eingetragen. Wie man sieht, stimmt
auf der hinteren Seite die Dehnungsstab-Eichung genau mit dem Mittel aus der
auf- und absteigenden Linie der Bandeichung zusammen, während auf der vorderen Seite die Stabeichung nur mit der aufsteigenden Linie der Bandeichung
übereinstimmt. Das zwischen aufsteigender und absteigender Linie liegende
Abszissenstück stellt den doppelten Betrag der Wagenreibung dar.

Fig. 51. Eichung der Meßdosen durch Stahlband.

Eine Prüfung der Meßdosen konnte in sehr einfacher Weise dadurch
vorgenommen werden, daß man den Einfluß der Fliehkraft auf den Achsdruck
untersuchte, indem man einen Riemen mit verschiedenen Geschwindigkeiten leer
laufen ließ und dabei die Manometer ablas. Mit steigender Geschwindigkeit
mußte infolge der Fliehkraft des Riemens eine mit dem Quadrat der Geschwindigkeit zunehmende Entlastung eintreten.

Bei geringen Geschwindigkeiten — bis zu 20 m/sk — und bei starken
Riemen-Vorspannungen ergab sich die Uebereinstimmung von vornherein, ver-
sagte aber, wenn entweder die Geschwindigkeit gesteigert oder die Vorspannung
verringert wurde. Die Ursache hiervon wurde darin gefunden, daß die dann
auftretenden Erzitterungen nur durch starke Drosselung der Verbindungsleitungen
zwischen Meßdose und Manometern ausgeglichen werden konnten; diese starken
Drosselungen verursachten aber falsche Manometerangaben. Der Grund dieser
Erscheinung ist folgender:

Da die Schwingungen des Meßrahmens von dem außerachsig umlaufenden Schwerpunkt der Riemenscheibe bezw. der Motoren herrühren, so wird sich der Weg des Meßrahmens während des Verlaufes einer Schwingung nach einer Sinuskurve ändern. Wäre nun keine Drosselbüchse eingebaut und würden keine Eigenschwingungen des Manometers vorhanden sein, so daß keine Resonanzerscheinungen auftreten könnten, und würde sich ferner die Pressung in der Meßdose in gleichem Verhältnis mit dem Hub ändern, so würde die Pressung während einer Schwingung gleichfalls nach einer Sinuskurve verlaufen.

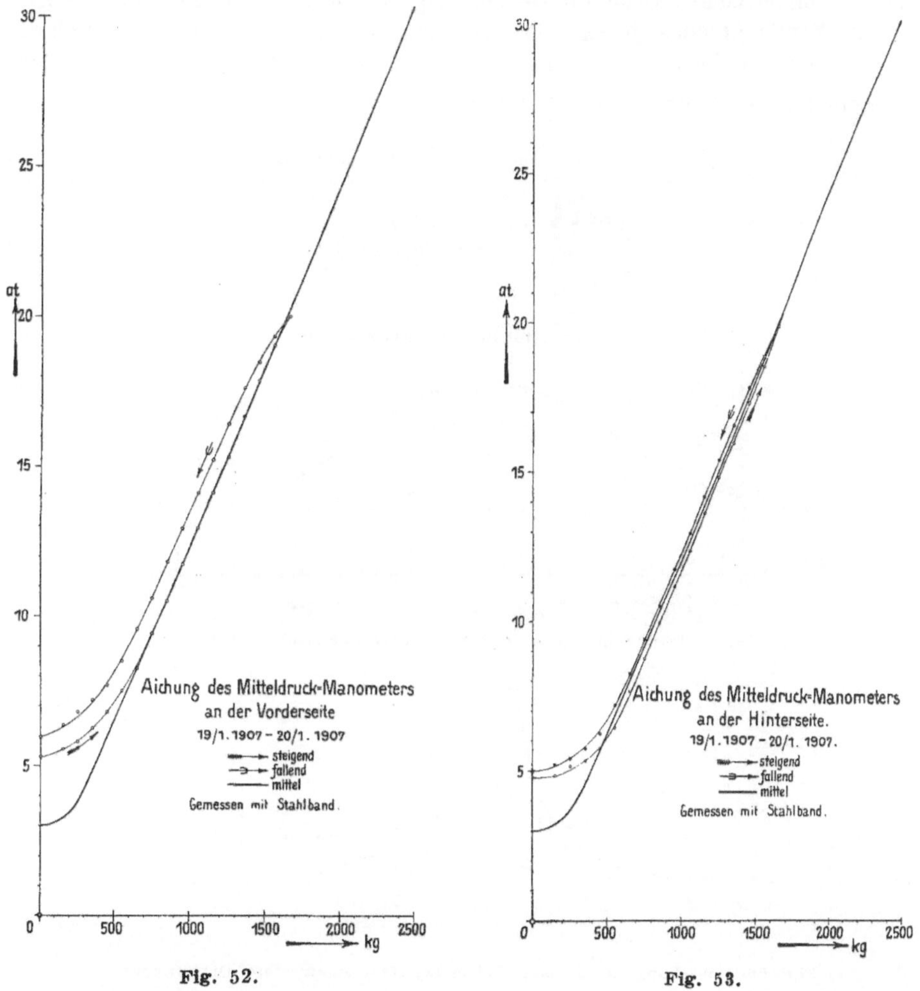

Fig. 52.   Fig. 53.

Der zur Beseitigung der Resonanz erforderliche Einbau der Drosselbüchse, Fig. 54, gestaltet die Verhältnisse so, daß in der Meßdose ein zwischen p_2 und p_1 schwankender Druck auftritt, Fig. 55, während im Manometer der Druck nur zwischen den sehr nahe zusammenliegenden Grenzen $p_2 + \delta$ und $p_2 - \delta$ schwankt. Bedingung für die Richtigkeit der Messung ist, daß $p_m = \dfrac{p_2 + p_1}{2}$ ist. So lange in der Meßdose höherer Druck herrscht, strömt Flüssigkeit aus der Meßdose durch die Drosselbüchse in das Manometer; die umgekehrte Strömung findet statt, so lange der Druck in der Meßdose kleiner als im Manometer ist. Die Ueberströmgeschwindigkeit wird sich in gleichem Verhältnis mit $\sqrt{p_2 - p_m}$ bezw.

mit $\sqrt{p_m - p_1}$ ändern. Da bei einer Sinuskurve der unter der mittleren Höhe liegende Teil symmetrisch zu dem darüber liegenden ist, so wird auch die Kurve der Ueberströmgeschwindigkeit symmetrisch sein, d. h. es wird die Dauer der Hinbewegung gleich der Dauer der Rückbewegung sein; es wird also bei einer Sinuskurve die Meßdosenpressung tatsächlich $p_m = \dfrac{p_2 + p_1}{2}$ sein.

Diese Verhältnisse werden sich ändern, sobald die Aenderung des Druckes in der Meßdose nicht mehr einer Sinuskurve folgt; es wird beispielsweise bei einer unsymmetrischen Druckkurve nach Fig. 56 die Ueberströmgeschwindigkeit des Druckunterschiedes $p_2 - p_m$ größer sein als die des Druckunterschiedes $p_m - p_1$, wogegen die Zeit t_2 kleiner sein wird als die Zeit t_1. Es wird daher in diesem Fall p_m kleiner als $\dfrac{p_2 + p_1}{2}$ sein.

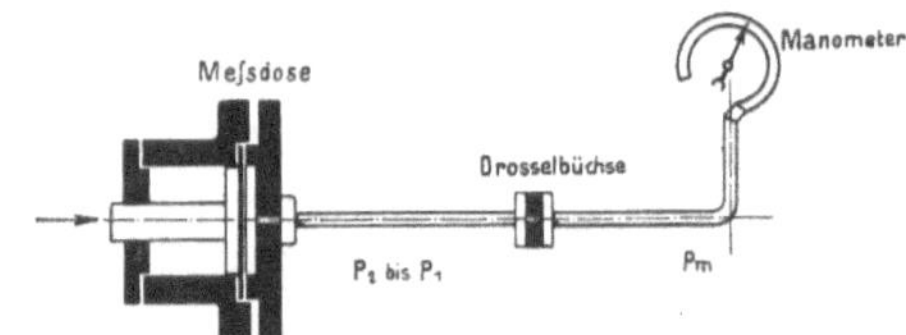

Fig. 54. Einbau der Drosselbüchse.

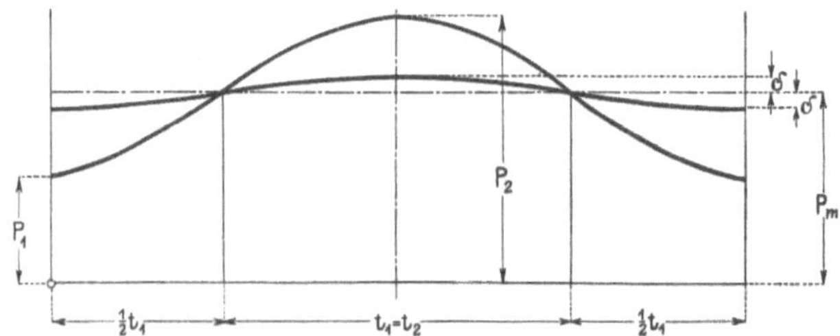

Fig. 55. Wirkung der Drosselbüchse bei symmetrischer Druckkurve.

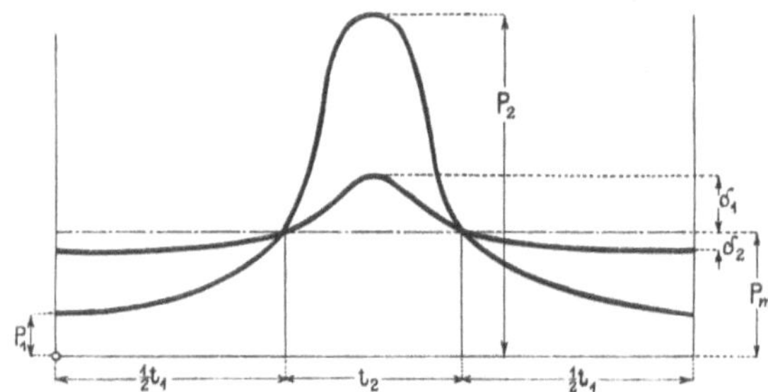

Fig. 56 Wirkung der Drosselbüchse bei unsymmetrischer Druckkurve.

Es ergibt nun die Eichungskurve der Manometer, daß sich für kleine Bewegungen des Meßrahmens zwischen 0,005 und 0,2 mm der Druck in der Meßdose im gleichen Verhältnis mit dem Hub ändert, Fig. 57; es muß daher bei kleinen Schwingungen des Rahmens die Druckkurve ebenso eine Sinuslinie sein wie die Hubkurve, so daß tatsächlich $p_m = \dfrac{p_1 + p_2}{2}$ ist. Bei größeren Schwingungen dagegen steigt die Pressung in dem Manometer-Federrohr nicht mehr im gleichem Verhältnis mit dem Hub, sondern langsamer, Fig. 57; infolgedessen ist die Druckkurve keine Sinuslinie mehr, daher auch der Manometerdruck p_m nicht mehr gleich $\dfrac{p_2 + p_1}{2}$.

Man mußte daher größere Schwingungen vermeiden, und zwar dadurch, daß man den Meßrahmen nicht nur durch den Riemenzug, sondern außerdem künstlich durch Zusatzfedern belastete. Erst als man es durch diese

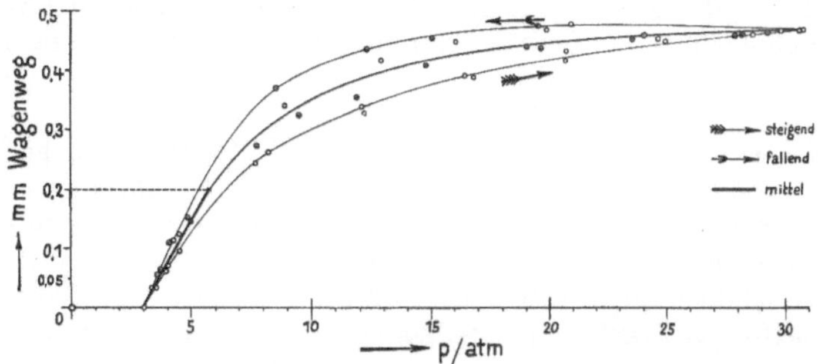

Fig. 57. Abhängigkeit des Wagenweges von der Spannung der Meßdose.

Zusatzfedern — wie unter 3) beschrieben — dahin gebracht hatte, daß man mit mäßiger Drosselung auskam, ergab sich wieder Uebereinstimmung zwischen den berechneten und den beobachteten Achsdrücken.

6) Versuchsplan.

Der Zweck der Versuche war ein dreifacher. In erster Linie stand naturgemäß das Ziel, einheitliche Grundlagen für die Prüfung der Theorie der Riementriebe zu erhalten. Diese Einheitlichkeit konnte nur dann erreicht werden, wenn einige wenige Riemen unter möglichst verschiedenartigen Verhältnissen versucht wurden, damit der Vergleich der Betriebsverhältnisse durch die Eigenart des Riemenmaterials nicht gestört wurde. Zur Erzielung eines einwandfreien Vergleiches mußte im Besonderen auch eine schädliche Ueberlastung des Riemens bei einzelnen Versuchen vermieden werden. Aus diesem Grund wurden bei den Vergleichsversuchen Riemenbelastung und Riemenspannung so geregelt, daß die Belastung 30 kg/qcm im ziehenden Trum nicht überstieg. Erst nach Abschluß der Vergleichsversuche wurden einzelne Ueberlastungsversuche angestellt.

Diese Vorsichtsmaßregel, den Riemen nicht höher als bis zu 30 kg/qcm zu spannen, war überflüssig; es zeigte sich später, daß die Messung des Achsdruckes ein sehr gutes Mittel war, um die bleibende Dehnung und damit die zulässige Belastungsgrenze des Riemens zu erkennen, und daß man unter günstigen Umständen die Grenze von 30 kg/qcm recht gut überschreiten konnte, ohne den Riemen zu schädigen. Der einmal festgesetzte Versuchsplan wurde aber zunächst festgehalten, um einwandfreie Vergleichsergebnisse zu erhalten; einige Ueberlastungsversuche über die Grenze von 30 kg/qcm hinaus wurden nach Schluß der Hauptversuche für sich ausgeführt.

Aus diesen Vergleichsversuchen mußte vor allem Aufschluß über das Verhältnis der Spannungen im ziehenden und im gezogenen Trum und damit über die beobachteten Höchstbeträge der Reibungswerte gewonnen werden. Im Besonderen mußte der Einfluß der Vorspannung, der Nutzspannung, der Geschwindigkeit und des Scheibendurchmessers auf den Reibungswert untersucht werden. Für diese Untersuchungen des Reibungswertes waren gerade die Versuche mit geringer Anspannung verwertbar.

In zweiter Linie kam es darauf an, die Wirkungsgrade festzustellen. Auch hierfür waren die Versuche mit geringer Anspannung gut verwendbar,

3*

denn bei Steigerung der Anspannung nähert sich der Wirkungsgrad sehr bald einem Höchstwert, den er dann nahezu unveränderlich beibehält.

In dritter Reihe mußte versucht werden, die zulässigen Grenzbelastungen des Riemens zu finden. Weder der Schlupf noch der Wirkungsgrad geben Aufschluß über die Grenze. Nur die Beobachtung der bleibenden Riemendehnung — die an den Manometern der Meßdosen genau erkennbar ist — gewährt einen Einblick in das Verhalten des Riemens, aber nur dann, wenn die Versuchsdauer sehr reichlich bemessen wird. Kurze Versuche unter einer Stunde geben keinen Aufschluß darüber, ob eine Ueberlastung vorhanden ist.

Die in erster und zweiter Linie geplanten Versuchsreihen sind bisher durchgeführt; dagegen ist die dritte Reihe, die mit möglichst verschiedenartigem Riemenmaterial durchgeführt werden muß, und bei der nur Dauerversuche zu einem brauchbaren Ergebnis führen können, bisher erst begonnen worden.

Die ursprünglich geplante Versuchsanordnung mit normalen Motoren, Lagern und Scheiben hätte eine vorläufige Anlage dargestellt, die nach Beendigung der Versuche wieder abgebrochen worden wäre, wobei die Motoren, Lager und Scheiben wieder anderweitig verwendbar gewesen wären. Eine Weiterführung der Versuche über den ursprünglichen Plan hinaus wäre hierbei natürlich nicht möglich gewesen.

Die ausgeführte Versuchsmaschine mit anormalen Motoren, Lagern und Scheiben gewährte größere Genauigkeit und höhere Geschwindigkeit, erforderte aber höhere Anlagekosten. Eine Wiederverwendung der einzelnen Teile hätte nur in sehr geringem Umfang stattfinden können, weil die Einzelteile zu sehr von den Normalien abweichen; es wäre daher im wesentlichen nur ein Verkauf zu Altmaterialpreisen übrig geblieben.

Der Verband deutscher Ledertreibriemen-Fabrikanten und der Verein deutscher Ingenieure entschlossen sich daher, von dem Verkauf der Einzelteile abzusehen und die ganze Versuchsmaschine einschließlich der kostspieligen Riemen- und Seilscheiben der Technischen Hochschule zu Berlin zur Fortführung der Versuche zu überlassen. Da der für die Versuche in den Siemens-Schuckert Werken zu Charlottenburg zur Verfügung gestellte Raum nicht länger entbehrt werden konnte, so mußte für eine anderweitige Aufstellung Sorge getragen werden. Durch die Uebersiedlung der Königl. Mechanisch-technischen Versuchsanstalt — des jetzigen Königl. Materialprüfungsamtes — nach Lichterfelde wurden Räume frei, von denen ein langgestreckter schmaler Raum zu einem »Versuchsfeld für Maschinenelemente« bestimmt wurde. Dieser Raum erwies sich in seinen Abmessungen als geeignet für die Aufnahme der Versuchsmaschine. Zur endgültigen Beschaffung der bis dahin nur leihweise überlassenen Elektromotoren und Instrumente wurde von der Staatsregierung ein entsprechender Zuschuß geleistet.

Durch diese Neuaufstellung und Ausrüstung wurde die Versuchsanlage zu einer dauernden Einrichtung umgewandelt, so daß das ursprünglich beschränkte Versuchsprogramm beliebig erweitert und auf Riemen und Seile aller Art ausgedehnt werden kann. Da elektrischer Strom aus dem Maschinenlaboratorium ohnehin zur Verfügung steht, so sind die laufenden Kosten der Versuche — nachdem einmal die Anlage geschaffen ist — verschwindend gering. Dem Fortgang der Versuche entsprechend wird der Berichterstatter diesem vorläufigen Bericht über die Grundlagen laufende Ergänzungsberichte über die gefundenen Belastungsgrenzen folgen lassen.

7) Dauer der Versuche.

Nach mehrfacher konstruktiver Umarbeitung der Werkzeichnungen wurden im April 1903 die Versuchsmaschinen und die Riemen- und Seilscheiben bestellt. Mit der Ausführung der Versuchsmaschine wurde unverzüglich begonnen, während sich die Inangriffnahme der Scheiben wegen Arbeitsüberhäufung der ausführenden Maschinenfabrik bis zum Oktober verzögerte. Als zu dieser Zeit die Leitung dieser Maschinenfabrik von der Lieferung zurücktrat mit der Erklärung, daß sie nicht wie ursprünglich vereinbart 40, sondern nur 30 m/sk Höchstgeschwindigkeit gewährleisten wolle, und als gleichzeitig der Wunsch nach Versuchen mit mehr als 40 m/sk Geschwindigkeit auftrat, entschloß man sich, nur die Riemenscheiben von 600 mm Dmr. aus Gußeisen, alle anderen aber aus Schmiedeisen herzustellen. Nach vergeblichen Anfragen bei Sonderfirmen wurden die Scheiben vollständig durchkonstruiert und im Januar 1904 in Auftrag gegeben.

Im April 1904 war die Versuchsmaschine mit den Riemenscheiben von 600 mm Dmr. fertig aufgestellt; im Mai trafen die anderen Riemenscheiben ein. Zunächst wurde die Achsdruckmessung ausgeführt. Die völlige Entlüftung der Leitungen, die Anpassung der Meßdosen an größeren Hub und die Dämpfung der Schwingungen gelangen erst nach zeitraubenden Vorversuchen. Auch die Prüfung der graphischen Leistungsmesser und ihr schließlicher Ersatz durch Präzisionsstrommesser nahm viel Zeit in Anspruch, so daß die Vorversuche nach mehrfachen Unterbrechungen erst im Herbst 1904 abgeschlossen werden konnten.

Im Oktober wurde die genaue Eichung der Manometer, im November die der Elektromotoren vorgenommen. Im Januar 1905 begannen die Hauptversuche mit Riemen, und zwar zunächst mit Riemenscheiben von 600 mm Dmr. und von 1250 mm Dmr. Im März wurde die Motoreneichung wiederholt und die Achsdruckmessung durch den Einbau von Zusatzfedern verbessert. Es folgten Versuche mit Scheiben von 1250 mm Dmr. auf beiden Wellen. Im April wurden zur weiteren Vervollkommnung der Achsdruckmessung Entlastungsfedern angebracht und die Manometer von neuem geeicht. Ferner wurden Scheiben von 1250 mm Dmr. und von 2500 mm Dmr. aufgesetzt, die Motoren hierfür geeicht und die Versuche mit diesen Scheiben durchgeführt. Dann folgten Scheiben von 600 mm Dmr. und von 2500 mm Dmr. Im Mai begannen die Versuche mit Scheiben von 2500 mm Dmr. auf beiden Wellen, nachdem wieder die Motoren hierfür geeicht worden waren. Im Juni 1905 wurden Ueberlastungsversuche angestellt und damit die Riemenversuche vorerst abgeschlossen.

Ende Juli 1905 wurden die Seilversuche begonnen, und zwar zunächst mit Parallelseiltrieb, wobei abwechselnd 4 und 1 Rundseil von 50 mm Dmr. auf Scheiben von 1040 und 2500 mm Dmr., dann auf Scheiben von 1500 und 2500 mm Dmr. und endlich auf Scheiben von 2500 und 2500 mm Dmr. aufgelegt wurden. Ende August wurden Trapezseile in Parallelanordnung versucht, und zwar zu 1 bis 2 und 4 Seilen. Ende September wurden Versuche mit Kreisseiltrieb in Angriff genommen, wobei wieder Rundseile von 50 mm Dmr. zu 1 und 4 und Trapezseile zu 1 und 4 auf Scheiben von 1040 bezw. 1500 und 2500 mm Dmr. mit Leitscheibe von 2000 mm Dmr. geprüft wurden. Jedesmal, so oft neue Scheiben aufgesetzt wurden, wurden auch die Motoren von neuem geeicht.

Mitte Oktober 1905 wurden die Seilversuche abgeschlossen. Die bis zur Ueberführung der Versuchsmaschine in das neue Laboratorium zur Verfügung stehende Zeit wurde noch zur Untersuchung eines einfachen Riemens von 150 mm Breite auf Scheiben von 1250 mm und von 2500 mm Dmr. mit und ohne Spannrolle von 1000 mm Dmr. benutzt.

Ende Oktober 1905 wurde die Versuchsmaschine abgebrochen und Anfang 1906 im Versuchsfeld für Maschinenelemente in der Technischen Hochschule von neuem aufgestellt. Der vorliegende Versuchsbericht wurde Anfang März 1907 abgeschlossen.

8) Lagerreibung, Bürstenreibung und Luftwiderstand der Scheiben.

Der Riemenwirkungsgrad wurde bei allen Versuchen in der Weise ermittelt, daß der Gesamtwirkungsgrad der ganzen Uebertragung — gemessen von den Motorenbürsten bis zu den Generatorenbürsten — durch das Produkt aus Motorwirkungsgrad und Generatorwirkungsgrad geteilt wurde. Die beiden letzteren enthalten bereits den Teil der Lagerreibung, der durch die Eigengewichte der Anker und Scheiben hervorgerufen wird, die Bürstenreibung der Anker und den Luftwiderstand der Scheiben; denn bei der Messung der Motorenwirkungsgrade waren ja bereits die Scheiben auf die Wellen aufgesetzt, es wurde also sowohl die durch ihr Eigengewicht hervorgerufene Lagerreibung wie der durch die Scheiben verursachte Luftwiderstand bei der Eichung der Motoren mitgemessen; das gleiche gilt für die Bürstenreibung. Die zusätzliche Lagerreibung, die durch den Riemenzug hervorgerufen wird, ist sehr klein im Verhältnis zu der Eigengewichtreibung; die Resultante aus dem Eigengewicht und dem Riemenzug ist nur um ein geringes größer als das Eigengewicht, so daß bei der ohnehin sehr geringen Lagerreibung der Zuwachs durch den Riemenzug verschwindend klein ausfällt. Dazu kommt noch, daß während des Betriebes die Lager von dem Riemenzug zum größten Teil entlastet werden, weil in den Fasern des Riemens die Vorspannung zum großen Teil durch die Fliehspannung ersetzt wird, so daß auf die Lager nur noch der Rest zwischen Vorspannung und Fliehkraft wirkt. Praktisch genommen ist daher die durch den Riemenzug hervorgerufene zusätzliche Lagerreibung der Versuchsmaschine verschwindend klein.

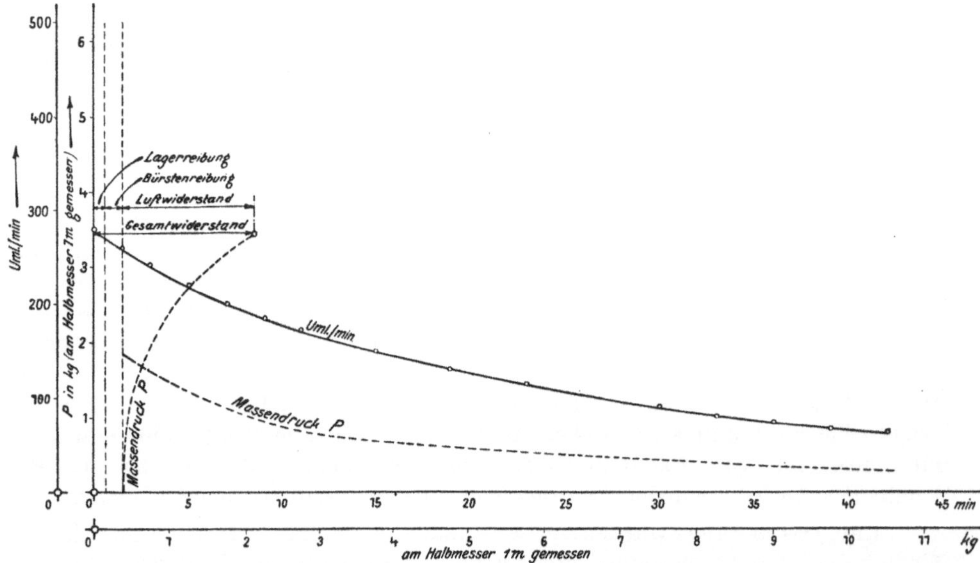

Fig. 58. Lagerreibung, Bürstenreibung und Luftwiderstand der Riemenscheibe von 1250 mm Dmr.

Der in dieser Weise ermittelte Riemenwirkungsgrad enthält die Verluste durch scheinbaren Schlupf, durch Riemensteifigkeit und durch den Luftwiderstand des Riemens selbst.

Wenn nach Vorhergehendem Lagerreibung, Bürstenreibung und Scheibenluftwiderstand aus dem Riemenwirkungsgrad bereits ausgeschaltet sind, so dürfte es doch von einigem Wert sein, die Größe dieser Widerstände zu kennen. Ihre Messung erfolgte durch Auslaufversuche.

Fig. 58 zeigt einen Auslaufversuch der Welle des Spannrahmens mit aufgesetzter Riemenscheibe von 1250 mm Dmr., Fig. 59 einen Auslaufversuch der Welle des Meßrahmens mit Riemenscheibe von 2500 mm Dmr. Als Abszisse

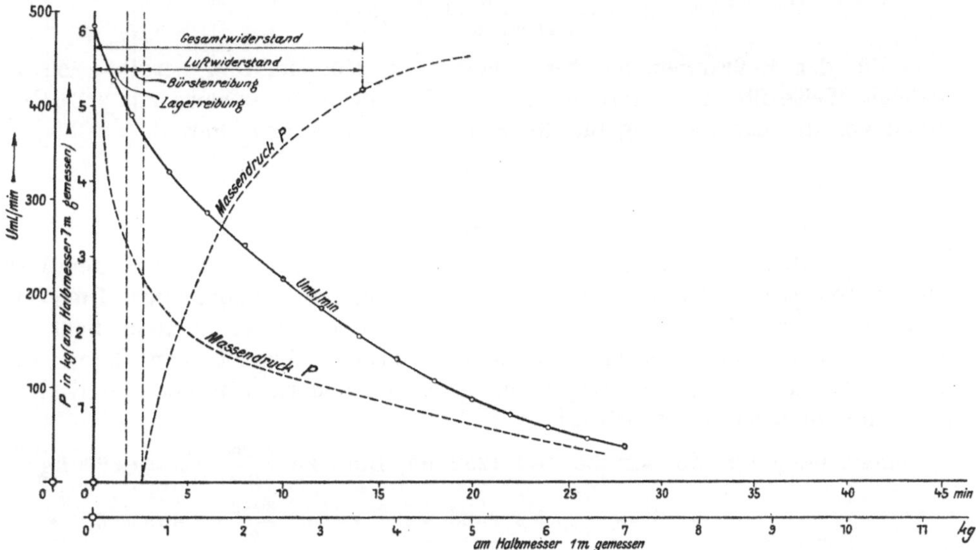

Fig. 59. Lagerreibung, Bürstenreibung und Luftwiderstand der Riemenscheibe 2500 mm Dmr.

ist die Auslaufzeit in Minuten aufgetragen, als Ordinaten erscheinen die Umlaufzahlen. Diese Auslauflinie ergibt unmittelbar die Verzögerung; aus dieser und aus den bekannten Trägheitsmomenten der Scheibe und der Anker läßt sich der Massendruck in jedem Augenblick des Auslaufes ohne weiteres ermitteln. Die Gewichte und Trägheitsmomente der umlaufenden Teile setzen sich aus folgenden Einzelwerten zusammen:

	Gewicht	Trägheitsmoment
1 Welle	515 kg	0,1 m²kg
2 Anker	1400 »	2,9 »
1 Mitnehmer	100 »	1,4 »
1 Nabe	393 »	1,6 »
	2408 kg	6,0 m²kg
1 Riemenscheibe von 1250 mm Dmr.	722 »	19,0 »
Umlaufende Teile des Spannrahmens	3130 kg	25,0 m²kg
1 Riemenscheibe von 2500 mm Dmr.	1452 »	154,0 »
Umlaufende Teile des Meßrahmens	3860 kg	160 m²kg

Der auf diese Weise ermittelte Massendruck — gemessen in kg am Halbmesser 1 m — wurde zunächst als Ordinate zu den zugehörigen Zeiten als Abszissen eingetragen. Ferner wurde der Massendruck als Abszisse zu der Umlaufzahl als Ordinate eingezeichnet. Die so erhaltene Kurve stellt den Gesamtwiderstand als Funktion der Umlaufzahl dar. Der Gesamtwiderstand setzt sich zusammen aus Lagerreibung, Bürstenreibung und Scheiben-Luftwiderstand. Dieser wird bei kleiner Umlaufzahl verschwindend gering, und die Bürstenreibung läßt sich durch Abheben der Bürsten ausschalten; man kann daher die Lagerreibung getrennt ermitteln.

Ein Auslauf mit abgehobenen Bürsten von der Umlaufzahl 154 abwärts ergibt für den Spannrahmen mit der Scheibe von 1250 mm Dmr. insgesamt 2965 Umdrehungen; an dem Kugellaufkreis von 210 mm Dmr. des Kugellagers gemessen wird daher die Lagerreibung für die Scheibe von 1250 mm Dmr.

$$= \frac{{}^{1}/_{2} \cdot 25 \left[\dfrac{154\,\pi}{30}\right]^{2}}{0{,}21\,\pi\,2965} = 1{,}7 \text{ kg.}$$

Für den Meßrahmen mit der Scheibe von 2500 mm Dmr. ergibt sich in gleicher Weise für einen Auslauf von der Umlaufzahl 70 abwärts mit 2164 Umdrehungen die Lagerreibung für die Scheibe von 2500 mm Dmr.

$$= \frac{{}^{1}/_{2} \cdot 160 \left[\dfrac{70\,\pi}{30}\right]^{2}}{0{,}21\,\pi\,2164} = 3{,}0 \text{ kg.}$$

Die Reibung von Kugellagern mit richtiger Wälzung ist nach den Versuchen von Stribeck von der Geschwindigkeit nahezu unabhängig. Die Versuche von Stribeck[1] ergaben für Kugellager, in denen die Kugeln dicht aneinander laufen, den ideellen Reibungswert 0,0015. Wendet man dieses Ergebnis auf die vorliegenden Lager an, bei denen Federn zwischen die Kugeln geschaltet sind, so ergibt sich die

Lagerreibung für die Scheibe von 1250 mm Dmr. zu $\dfrac{3250}{2} \cdot 0{,}0015 = 2{,}4$ kg

» » » » » 2500 » » » $\dfrac{3980}{2} \cdot 0{,}0015 = 3{,}1$ » .

Für die Scheibe von 1250 mm Dmr. ergibt also das Lager mit Federn zwischen den Kugeln einen etwas geringeren Wert als das Lager mit dicht aneinanderlaufenden Kugeln — 1,7 gegen 2,4 kg —; für die Scheibe von 2500 mm Dmr., also für große Belastung, fallen die beiden Werte nahezu zusammen — 3,0 gegen 3,1 kg —. In den Fig. 58 und 59 sind die abgerundeten Werte 2,0 und 3,0 kg, auf den Halbmesser von 1 m umgerechnet, eingetragen.

Bei aufgelegten Bürsten gibt ein Auslauf von der gleichen Umlaufzahl — 154· — ab nur 1324 Umdrehungen für die Scheibe von 1250 mm Dmr.; hieraus folgt die

Bürstenreibung am Spannrahmen zu $\dfrac{{}^{1}/_{2} \cdot 25 \left[\dfrac{154\,\pi}{30}\right]^{2} - 2{,}0 \times 0{,}21\,\pi\,1324}{0{.}372\,\pi\,1324} = 1{,}0$ kg.

In gleicher Weise ergibt sich die Bürstenreibung am Meßrahmen zu 1,8 kg.

Die Verschiedenheit der beiden Werte erklärt sich daraus, daß die Bürsten am Spannrahmen etwas sorgfältiger eingeschliffen waren und daß die Bürsten am Meßrahmen der dort größeren Stromstärke wegen kräftiger angepreßt werden mußten. Auch diese Werte wurden, umgerechnet auf den Halbmesser 1 m, in die Fig. 58 und 59 eingetragen. Wie man sieht, fiel die Bürstenreibung am Meßrahmen doppelt so groß aus wie die gesamte Lagerreibung.

Der Rest: Gesamtwiderstand weniger Lagerreibung weniger Bürstenreibung, stellt den Luftwiderstand der Scheiben dar, der bei mehr als 200 Uml./min weit

---

[1] s. Zeitschrift des Vereines deutscher Ingenieure 1901 S. 73 u. f.

größer als Lagerreibung und Bürstenreibung zusammen ausfällt und mit zunehmender Geschwindigkeit sehr rasch wächst, trotzdem die Scheiben von 2500 mm Dmr. geschlossene Seitenwände besitzen, aus denen nur die halbrunden Nietköpfe hervorragen.

Die Riemenscheiben von 2500 mm Dmr. waren für Riemen von 400 mm Breite eingerichtet; bezogen auf 1 cm Riemenbreite würde der Luftwiderstand den Umfangswiderständen entsprechen, die in Fig. 60 für verschiedene Geschwindigkeiten und Scheibendurchmesser dargestellt sind, und zwar am Scheibenumfang gemessen.

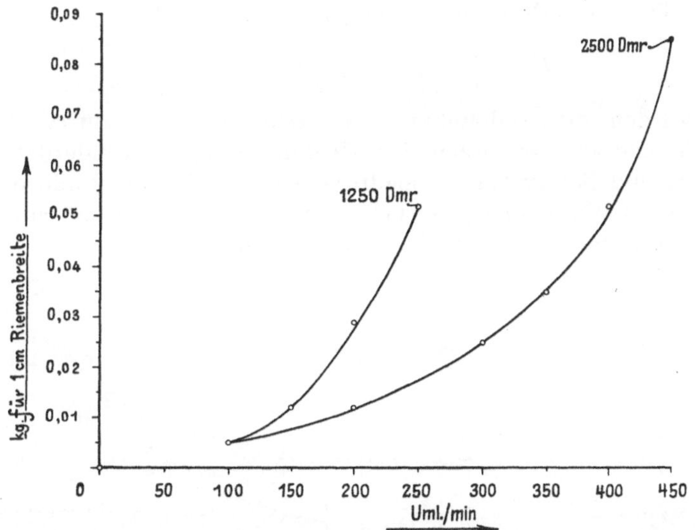

Fig. 60. Luftwiderstand der Riemenscheiben, gemessen am Scheibenumfang.

Der Luftwiderstand der Seilscheiben wurde nicht besonders gemessen, er dürfte aber dem der Riemenscheiben gleich sein, da die Einzelkonstruktion — genietete Blechwände — bei beiden dieselbe ist.

Würden die Kugellager durch normale Gleitlager ersetzt werden, so würde sich die Lagerreibung entsprechend erhöhen. Legt man die Versuche von Stribeck zu Grunde, so ergibt sich für normale Wellenstärken und bezogen auf den Scheibendurchmesser und auf 1 cm Riemenbreite eine Gleitlagerreibung von annähernd

$$= \frac{n}{4000} \text{ kg/cm für einfache Riemen,}$$

$$= \frac{n}{2000} \text{ kg/cm für Doppelriemen,}$$

wobei unter n die Umlaufzahl i. d. Min. zu verstehen ist.

Für Seile ergibt eine Rechnung unter gleichen Voraussetzungen und bezogen auf den Scheibendurchmesser und auf ein Seil von 50 mm Dmr. eine

$$\text{Gleitlagerreibung} = \frac{n}{300}.$$

Will man also den Gesamtwirkungsgrad eines zu entwerfenden Riemen- oder Seiltriebes berechnen, so hat man nur zu dem aus den Versuchen ermittelten Wirkungsgrad des Riemens noch die aus Scheibenluftwiderstand und Gleitlagerreibung entstehenden Verluste hinzuzufügen.

9) Steifheit und Luftwiderstand der Riemen und Seile.

Der in der dargestellten Art gemessene Riemenwirkungsgrad umfaßt die Verluste durch Schlupf, durch Riemensteifheit und durch den Luftwiderstand des Riemens selbst. Der Verlust durch Schlupf wächst in gleichem Verhältnis mit der Nutzspannung k_n und wird gleich null bei Leerlauf. Der Verlust durch Riemensteifheit wird unabhängig von k_n und nur abhängig vom Scheibendurchmesser sein. Der Verlust durch den Luftwiderstand wird ebenfalls von k_n nicht beeinflußt werden, umsomehr aber von der Geschwindigkeit.

Trägt man in einem Schaubild als Abszissen die Nutzspannungen und als Ordinaten die den verlorenen Leistungen entsprechenden Spannungen

$$k_{verl} = \left[N_m\, \eta_m - N_y\, \frac{1}{\iota_{,g}} \right] \cdot \frac{1000}{736} \times \frac{75}{v} \times \frac{1}{b}$$

auf, so würden die Endpunkte dieser Ordinaten eine durch den Nullpunkt gehende Gerade ergeben, wenn der Wirkungsgrad unveränderlich wäre. Da η bei kleinem und bei großem k_n niedriger ist, so wird die Linie der verlorenen Spannung bei kleinem und großem k_n von der erwähnten Geraden nach oben abrücken, also eine nach oben hohle Kurve bilden.

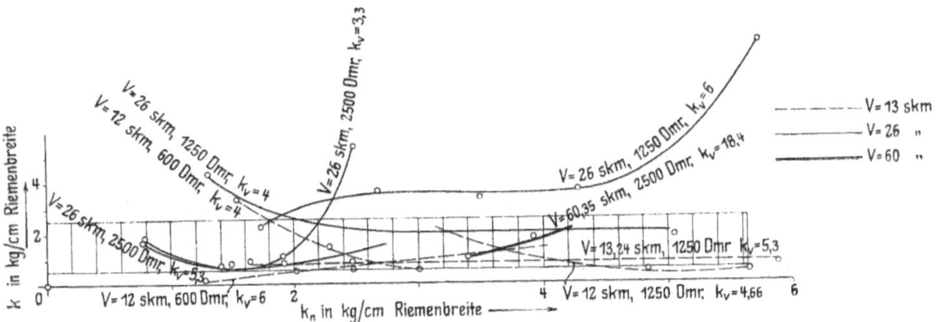

Fig. 61. Luftwiderstand des einfachen Riemens.

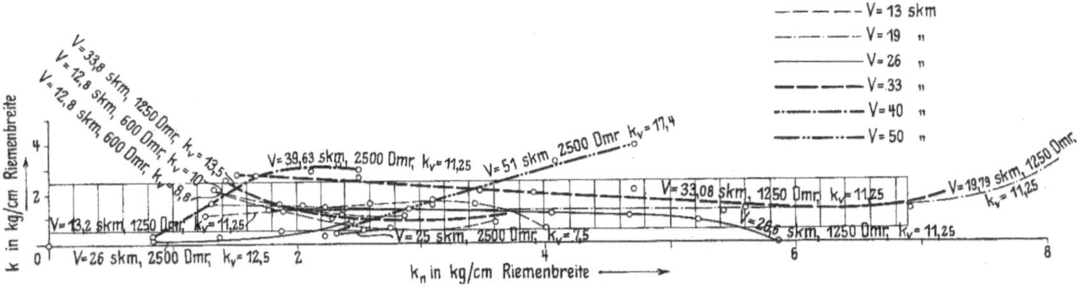

Fig. 62. Luftwiderstand des Doppelriemens.

In Fig. 61 und 62 sind derartige Darstellungen für einfachen und Doppelriemen durchgeführt. Die Linien des Büschels sind durchweg nach oben hohle Kurven. Mit zunehmender Nutzspannung k_n steigen sie an, weil der Einfluß des Schlupfes sich umsomehr bemerkbar macht, je größer k_n ist. Der Durchmesser der Riemenscheibe hat anscheinend keinen großen Einfluß auf den Verlust: man muß daher annehmen, daß der Verlust durch Riemensteifheit sehr gering ist. Diese Erscheinung ist auch erklärlich; denn wäre der Riemen vollkommen elastisch, wie etwa eine Blattfeder, so würde die beim Auflauf aufzuwendende Arbeit beim Ablauf immer wieder gewonnen werden. Dagegen zeigt sich, daß die Geschwindigkeit einen wesentlich größeren Einfluß auf den Verlust ausübt: es wird also der Verlust im Leerlauf hauptsächlich durch den Luftwiderstand des Riemens hervorgerufen.

Das Linienbüschel liegt bei niedrigem k_n und bei einfachem Riemen zwischen $k_{verl} = 0{,}07$ und $0{,}20$ kg/cm, bei Doppelriemen zwischen $k_{verl} = 0{,}09$ und

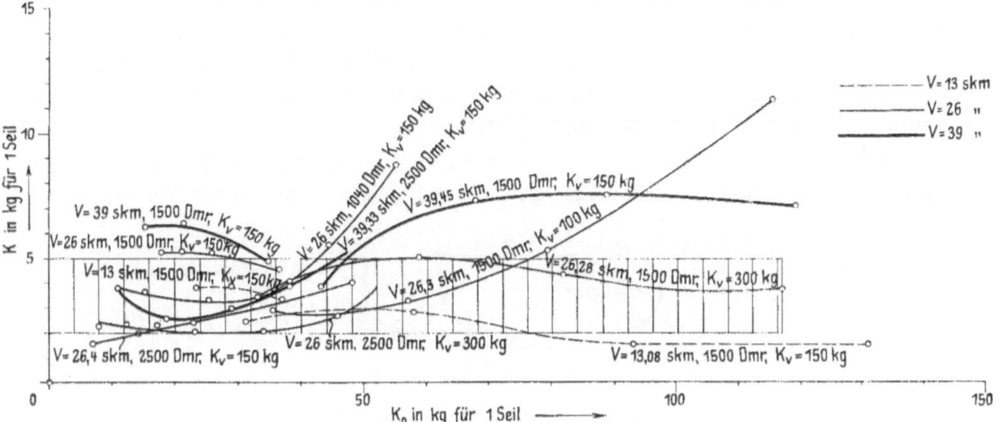

Fig. 63. Luftwiderstand der Seile.

$0{,}24$ kg/cm. Diese Werte dürften dem Verlust im Leerlauf entsprechen, der, wie bereits erwähnt, fast ausschließlich durch den Luftwiderstand des Riemens hervorgerufen wird.

In Fig. 63 ist in gleicher Weise der Verlust bei Seiltrieben dargestellt.

10) Fliehkraft der Riemen und Seile.

Da über die Wirkung der Fliehkraft teilweise unklare Anschauungen in der Literatur herrschen, so sei das Wesentliche hierüber kurz vorausgeschickt.

Denkt man sich zunächst einen Riemen, der elastisch oder unelastisch sein kann, lose über eine Scheibe gelegt, Fig. 64, und durch Umlauf der

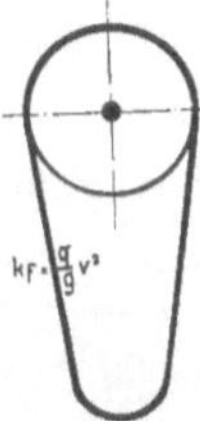

Fig. 64. Fliehspannung im freihängenden Riemen.

Scheibe mit der Geschwindigkeit v angetrieben, so entsteht in allen Teilen des Riemens die Fliehspannung.

$$k_f{}^{\text{kgcm}} = \frac{q\,v^2}{g},$$

wobei q das Gewicht eines Riemenstückes von 1 m Länge und 1 cm Breite ist. Die Größe dieser Spannung ist von der Form der Riemenschleife ganz unabhängig und führt keine Formänderung der Schleife herbei. Gibt man der Schleife an irgend einer Stelle einen Knick, so bleibt dieser Knick längere Zeit erhalten, bis das Eigengewicht allmählich die ursprüngliche Form wieder herbeiführt. Der Riemen verhält sich gewissermaßen so, wie wenn er in einer zähen Flüssigkeit liefe. Diese Erscheinung läßt sich an den Handketten der Flaschenzüge bei sinkender Last jederzeit beobachten.

Versuche dieser Art wurden von Aitken ausgeführt und dargestellt in dem Bericht: »An account on rigidity produced by centrifugal force«, Philosophical Magazine 1878 Seite 80. Einen ähnlichen Versuch hat Radinger 1888 in der Simmeringer Maschinenfabrik im Großen vorgenommen und darüber in der 3. Auflage seines bekannten Werkes: »Ueber Dampfmaschinen mit hoher Kolbengeschwindigkeit« Seite 291 berichtet. Einen analytischen Beweis hat August[1]) geführt: »Ueber die Bewegung von Ketten in Kurven« Ein sehr anschaulicher Nachweis ist von Skutsch[2]) geführt worden in dem Bericht: »Ermittlung der Kräfte in Riemen- und Seiltrieben«.

Stellt man sich nun einen unelastischen Riemen vor, Fig. 65, der lose über zwei starr gelagerte Scheiben gehangen ist, so wird dieser im Stillstand

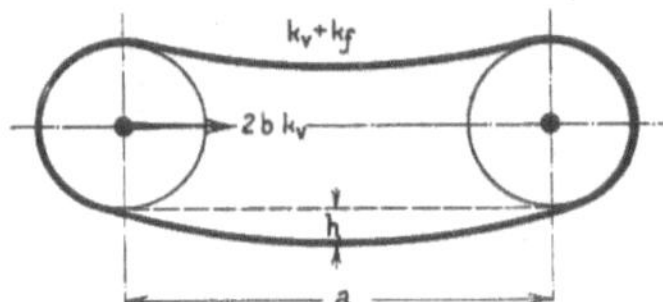

Fig. 65. Unelastischer Riemen leerlaufend.

nach einer Kettenlinie durchhängen; das Eigengewicht wird im Riemen eine Vorspannung $k_v{}^{\mathrm{kgcm}} = \dfrac{q\,a^2}{8\,h}$ erzeugen. Werden beide Scheiben angetrieben, so daß der Riemen leer umläuft, so wird im Riemen eine zusätzliche Fliehspannung

$$k_f{}^{\mathrm{kgcm}} = \frac{q\,v^2}{g}$$

entstehen, so daß sich eine Gesamtspannung von $k_v + k_f$ ergibt. Eine Längung des Riemens tritt dabei nicht ein, weil der Riemen unelastisch vorausgesetzt ist. Die Kettenlinie ändert ebenfalls ihre Gestalt nicht, da die Fliehspannung hier ebensowenig einen Einfluß auf die Gestalt der Schleife ausübt wie im vorhergehenden Fall. Auf die Achse jeder Riemenscheibe wirkt sowohl im Stillstand wie im Lauf der Druck $A = 2\,b k_v$, wobei b die Riemenbreite ist; die Fliehkraft übt keinerlei Einfluß auf den Achsdruck aus.

Denkt man sich schließlich einen elastischen Riemen über zwei Scheiben gelegt, von denen die eine verschiebbar gelagert ist, Fig. 66, und zieht man die

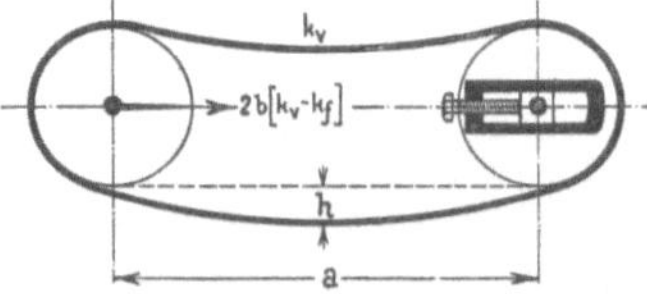

Fig. 66. Elastischer Riemen leerlaufend.

Scheiben so weit auseinander, daß eine Vorspannung k_v im Riemen entsteht, so wird der Riemen sich um ein gewisses Stück gelängt haben, entsprechend seinem Dehnungskoeffizienten. Der erzeugten Vorspannung wird ein gewisser Durchhang h entsprechen: $h = \dfrac{q\,a^2}{8\,k_v}$, wobei a der Achsenabstand ist, der sich nach Herstellung der Vorspannung k_v ergab und der um den Betrag der Reckung des Riemens größer als der Achsstand des spannungslosen Zustandes ist.

[1]) Zeitschrift für Mathematik und Physik Bd. 33 S. 321.
[2]) Verhandlungen des Vereins zur Beförderung des Gewerbfleißes 1897 S. 94.

Wird nun dieser elastische Riemen in Betrieb gesetzt, so tritt wieder die Fliehspannung

$$k_f = \frac{q\,v^2}{g}$$

auf. Würde diese Fliehspannung sich zur Vorspannung addieren, so würde eine der Spannung $k_f + k_v$ entsprechende größere Reckung eintreten, und der Durchhang würde sich vergrößern. Infolge des größeren Durchhanges würde aber im umgekehrten Verhältnis die Gesamtspannung sinken, und zwar soweit, bis wieder der alte Durchhang h hergestellt ist, d. h. bis wieder die Spannung auf den Wert k_v heruntergegangen ist. Bei dem elastischen Riemen addiert sich also nicht wie bei dem unelastischen die Fliehspannung zur Vorspannung, sondern derjenige Teil der Vorspannung, der gleich der Fliehspannung ist, wird durch diese ersetzt. Ist die Fliehspannung ebenso groß wie die Vorspannung, so wird die Vorspannung durch die Fliehspannung völlig aufgezehrt. Der Druck auf die Achse war während des Stillstandes

$$A_{st} = 2\,b k_v.$$

Während des Laufes wird die Vorspannung durch die Fliehspannung ganz oder teilweise ersetzt; die Fliehspannung bedarf aber nicht wie die Vorspannung einer Unterstützung durch die Riemenscheibe, sondern gleicht sich im Riemen selbst aus. Infolgedessen wird sich der Achsdruck im Betriebe um den Betrag $2\,b k_f$ vermindern, so daß

$$A_{betr} = 2\,b\,(k_v - k_f)$$

wird.

Wird k_f größer als k_v, so verringert sich der Durchhang h, und der Riemen hebt sich von der Scheibe ab; der Achsdruck bleibt ebenso null, wie in dem Fall, wo $k_f = k_v$ ist.

Die geschilderte, genau im Verhältnis zur Fliehkraft entstehende Verminderung des Achsdruckes wurde von Grau und Schuster in Wien durch den Versuch nachgewiesen: Mitteilungen des k. k. Technologischen Gewerbemuseums in Wien 1905.

Diese Erscheinung gab wie unter 5) bereits erwähnt, ein Mittel zur Prüfung und Vervollkommnung der Achsdruckmessung.

In Fig. 67 sind die Ergebnisse von Riemenleerlaufversuchen eingetragen. Die Parallele zur Abszissenachse gibt die Vorspannung k_v an, die dem Achs-

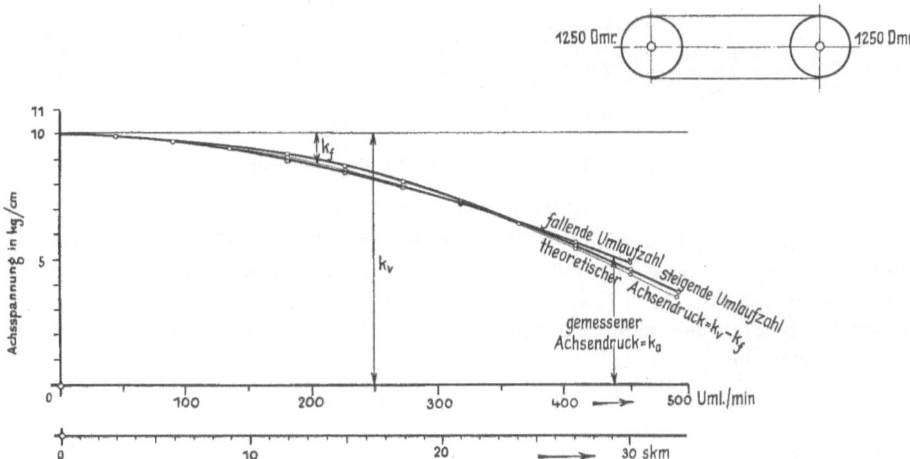

Fig. 67. Einfluß der Fliehspannung auf den leerlaufenden Riemen. Doppelriemen 400 mm breit.

druck im Stillstand entspricht. Von dieser Parallele aus sind nach unten die berechneten Fliehspannungen k_f als Ordinaten zu den Riemengeschwindigkeiten als Abszissen aufgetragen. Die Endpunkte liegen in einer Parabel. Die dem Achsdruck im Betrieb entsprechende Spannung k_a ist von der Abszissenachse nach oben aufgetragen und durch Kreise bezeichnet. Wie man sieht, stimmen beobachtete Fliehspannung $(k_v - k_a)$ und berechnete Fliehspannung (k_f) innerhalb der Fehlergrenzen der Messung überein. Der Unterschied für steigende und fallende Umlaufzahl ist in der Reibung des Meßgerätes begründet.

Fig. 68 gibt die gleiche Darstellung für einen Versuch, bei dem der Riemen nicht leer lief, sondern Kraft übertrug. Wie man sieht, stimmen hier die

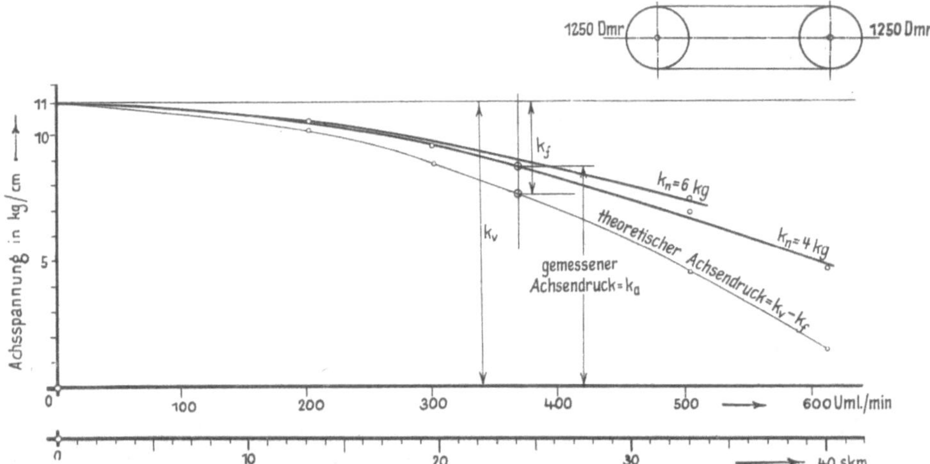

Fig. 68. Einfluß der Fliehspannung auf den belasteten Riemen. Doppelriemen 400 mm breit.

beobachtete und die berechnete Fliehspannung nicht mehr überein, sobald die Geschwindigkeit von 10 m/sk überschritten wird, sondern die beobachtete fällt dann kleiner aus als die berechnete. Diese Restspannung $k_r = k_a - (k_v - k_f)$ zeigt sich umso größer, je höher die Geschwindigkeit steigt.

Diese Erscheinung dürfte ihre Erklärung in folgender Vorstellung finden:

Bei einem langsam laufenden Riemen, Fig. 69, wird im ziehenden Trum die Spannung $k_v + \frac{1}{2} k_n$ und im gezogenen die Spannung $k_v - \frac{1}{2} k_n$ herrschen.

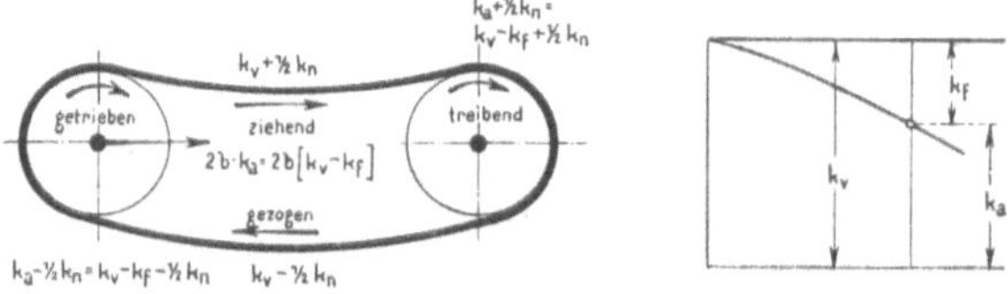

Fig. 69. Langsamlaufender Riemen, belastet.

Da die Fliehspannung k_f im Riemen selbst sich ausgleicht, so kommt für die Kraftübertragung an der Auflaufstelle der treibenden Scheibe nur die Auflaufspannung $k_v - k_f + \frac{1}{2} k_n$ in Betracht und an der getriebenen Scheibe nur die Auflaufspannung $k_v - k_f - \frac{1}{2} k_n$. Bei geringer Geschwindigkeit stimmt $k_v - k_f$ mit der im Betrieb beobachteten Spannung k_a überein; es ist also bei langsam laufendem Riemen

$$k_v - k_f + \frac{1}{2} k_n = k_a + \frac{1}{2} k_n$$

und

$$k_v - k_f - \frac{1}{2} k_n = k_a - \frac{1}{2} k_n.$$

Das Verhältnis der beiden Auflaufspannungen entspricht bei geringer Geschwindigkeit dem allgemeinen Gesetze

$$e^{\mu\omega} = \frac{k_v - k_f + {}^1/_2\,k_n}{k_v - k_f - {}^1/_2\,k_n}.$$

d. h. die Reibung zwischen Riemen und Scheibe wird ausschließlich durch die Spannungen in den beiden Riementrümern erzeugt.

Bei **schnellaufenden** Riemen, Fig. 70, ergeben die Versuche, daß die Werte von μ weit über den normalen Betrag hinaus wachsen. Man wird durch

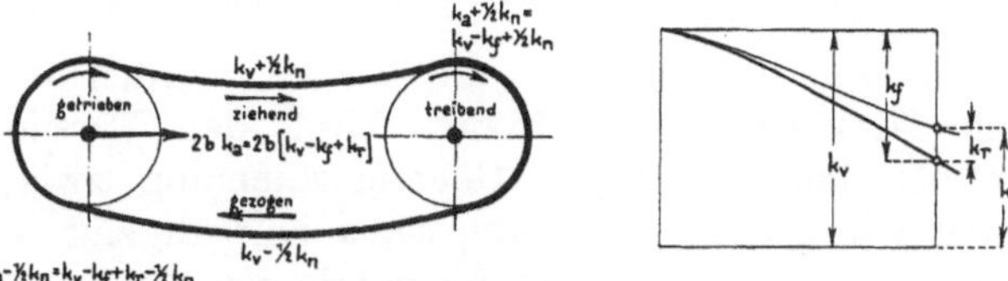

Fig. 70. Raschlaufender Riemen, belastet.

diese Versuchergebnisse zu der Annahme gezwungen, daß der Riemen nicht nur durch die in den beiden Trümern herrschende Eigenspannung an die Scheiben angepreßt wird, sondern daß durch das Längen auf der treibenden Scheibe und durch das Einkriechen auf der getriebenen Scheibe die zwischen Riemen und Scheibe befindliche Luft teilweise verdrängt wird, so daß eine Adhäsionswirkung zwischen Riemen und Scheibe eintritt. Das Verhältnis der Spannungen im ziehenden und gezogenen Trum stellte sich bei den Versuchen größer heraus, als die Rechnung es erwarten ließ. Der Spannungswechsel, den der Riemen beim Uebergang aus dem gezogenen in das ziehende Trum und umgekehrt mitmachen muß, erfolgt bei großer Geschwindigkeit nicht nur in sehr raschem Tempo, sondern er spielt auch innerhalb sehr weiter Grenzen, weil eben das Spannungsverhältnis über Erwarten groß beobachtet wurde.

Da nun die Formänderungen von Riemen einer gewissen Zeit bedürfen, so werden sie nicht in vollem Maß eintreten, wenn die verfügbare Zeit sehr klein ist. Es wird also die Dehnung im ziehenden Trum nicht ganz so groß werden, wie die Spannung k_T es bedingen würde, und es wird umgekehrt die Kürzung im gezogenen Trum nicht so gering ausfallen, wie die Spannungsverminderung es erwarten ließe. Nimmt man an, daß die wirkliche Dehnung zur rechnungsmäßigen Dehnung in einem bestimmten Verhältnis ε steht, so würde die

$$\text{wirkliche Dehnung im ziehenden Trum} = \varepsilon\,\alpha\,k_T,$$
$$\text{» \qquad » \qquad » gezogenen » } = \frac{1}{\varepsilon}\,\alpha\,k_t,$$

$$\text{gesamte wirkliche Dehnung} \;.\;.\;.\;.\;. = \alpha\left[\varepsilon\,k_T + \frac{1}{\varepsilon}\,k_t\right].$$

Die infolge unvollkommener Elastizität eintretende Verkürzung wird daher

$$= \alpha\left[k_T - k_t\right] - \alpha\left[\varepsilon\,k_T + \frac{1}{\varepsilon}\,k_t\right].$$

Diese Verkürzung wird null, wenn $\dfrac{\dfrac{1}{\varepsilon} - 1}{1 - \varepsilon} = \dfrac{k_T}{k_t}$ wird. Dies tritt für die Werte $\varepsilon_1 = 1$ und $\varepsilon_2 = \dfrac{k_t}{k_T}$ ein. Dagegen wird eine Verkürzung eintreten, wenn ε zwischen den Werten 1 und $\dfrac{k_t}{k_T}$ liegt.

Es kann also sehr leicht der Fall eintreten, daß die gesamte Dehnung der beiden Trümer nicht den rechnungsmäßigen Betrag erreicht; infolgedessen wird nicht ganz die Längung eintreten, die sonst durch den Einfluß der Fliehspannung entstehen würde: es wird sich daher der Achsdruck nicht soweit vermindern, wie es bei einem vollkommen elastischen Riemen der Fall wäre. Es bildet also der schnellaufende belastete Riemen gewissermaßen eine Uebergangsform zwischen dem vollkommen elastischen und dem vollkommen unelastischen Band:

$$2\,b\,k_v > A > 2\,b\,(k_v - k_f).$$

Ebensolche Leerlaufversuche wie mit Riemen wurden auch mit Seilen angestellt, um die Wirkung der Fliehkraft durch den Versuch nachzuweisen. Während aber bei den Riemen die Uebereinstimmung zwischen Berechnung und Messung bei Leerlaufversuchen durchaus befriedigend war, gelang dies bei den Seilen nicht. Nur bei Geschwindigkeiten bis zu 26 m/sk stimmte der berechnete Achsdruck mit dem gemessenen überein; darüber hinaus ergab sich die gemessene Fliehkraft scheinbar kleiner als die berechnete, und zwar um so mehr, je größer die Geschwindigkeit war. In Fig. 71 und 72 sind für zwei verschiedene Scheibendurchmesser — 1500 und 2500 mm — die dem gemessenen Achsdruck entsprechende Spannung K_a stark ausgezogen und die berechnete Spannung K_v-K_f dünn gezogen eingetragen. Die zwischen der Parallele

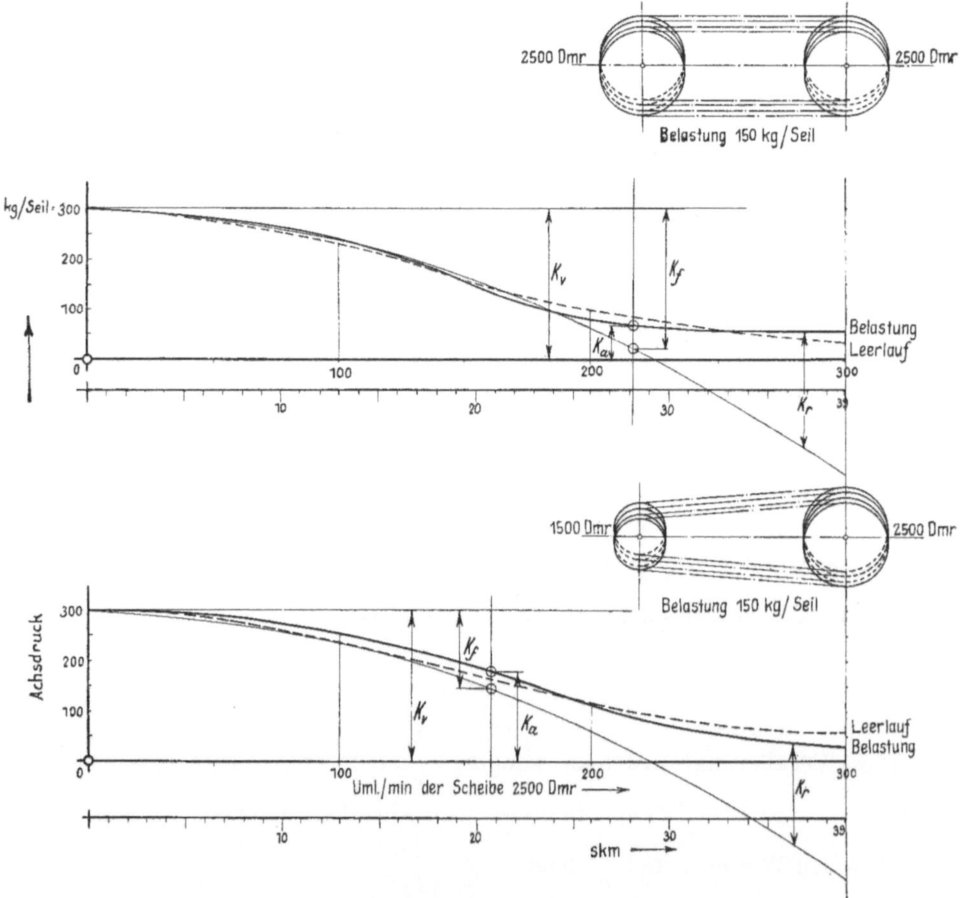

Fig. 71 und 72. Einfluß der Fliehspannung. 4 Rundseile von 50 mm Dmr.

zur Abszissenachse, die den Achsdruck im Stillstand vorstellt, und den beiden erwähnten Linien liegenden Ordinatenstücke stellen die gemessene, beziehungsweise berechnete Fliehkraft vor. Aus dieser Darstellung ist deutlich zu entnehmen, daß die gemessene Fliehkraft kleiner als die berechnete ist.

Es tritt also die Erscheinung, die bei Riemen nur im belasteten Zustand beobachtet wurde, bei Seilen bereits im Leerlauf ein. Erklärlich wird dies durch den Umstand, daß die Leerlaufarbeit der Seile größer als die der Riemen ist.

In die gleichen Figuren sind die gemessenen Achsdrücke von gleichwertigen Seilversuchen — jedoch mit Belastung — mit gestrichelten Linien eingetragen. Man sieht, daß im belasteten Zustand ebenso wie im Leerlauf die gemessenen Achsdrücke größer sind als diejenigen, die sich rechnungsmäßig aus der Fliehspannung und aus dem im Stillstand beobachteten Achsdruck ergeben. Die beiden Kurven für den Achsdruck im Leerlauf und bei Belastung fallen nahezu zusammen; die Abweichungen bleiben innerhalb der Meßfehler.

Es liegt nahe, den Grund dieser Erscheinung in Meßfehlern zu suchen, also anzunehmen, daß der Achsdruck nur infolge ungenauer Messung zu groß beobachtet wurde. Die Auswertung der Seilversuche ergab indessen das Gegenteil: es finden sich Versuche, bei denen die Nutzspannung etwas größer als der Achsdruck gefunden wurde. Es muß also umgekehrt der wirkliche Achsdruck eher größer gewesen sein als der beobachtete.

Man wird daher annehmen müssen, daß auch bei den Seilen unvollkommene Elastizität die Ursache dafür ist, daß die beobachtete Fliehspannung kleiner war als die berechnete. Für den belasteten Zustand läßt sich bei Seilen die Erscheinung genau in derselben Weise erklären wie bei Riemen; auffälliger ist der Umstand, daß bei leerlaufenden Seilen dieser Unterschied in genau demselben Maß beobachtet wurde wie bei Belastung; denn genau genommen hat das leerlaufende Seil keinen Spannungswechsel durchzumachen, weil sich die Fliehspannung im Seil selbst ausgleichen und daher an allen Stellen in gleicher Größe auftreten sollte. Tatsächlich scheint dieser Ausgleich bei großer Geschwindigkeit eben nicht in vollem Maß einzutreten.

11) Material der Riemen.

Für die vergleichenden Versuche wurden zwei Riemen verwendet: ein einfacher Riemen von 375 mm Breite und ein Doppelriemen von 400 mm Breite. Die beiden Riemen sollen nach einer Bestimmung des Verbandes der Ledertreibriemen-Fabrikanten Deutschlands lediglich als »Verbandsriemen« bezeichnet werden, ohne Nennung der Firma, die sie hergestellt und zu den Versuchen überlassen hat.

Diese beiden Riemen sind von dreijährigen Ochsen, Angeler Rasse, nach »altem« Verfahren — langjähriger Grubengerbung mit reiner Eichenspiegelrinde — hergestellt, und zwar aus dem Mittelrücken (Wirbelbahnen); sie sind vor dem Einfügen mit abgewogener Kraft gelängt und auf der Einlaufmaschine vor dem Verlassen der Fabrik geprüft. Die Dicke des einfachen Riemens betrug 3 bis 4 mm, die des Doppelriemens 7 bis 8 mm. Der Querschnitt des einfachen Riemens betrug sonach $f = 13$ qcm, der des Doppelriemens $f = 30$ qcm. Das Gewicht des einfachen Riemens war $Q = 1{,}25$ kg/m, das Gewicht des Doppelriemens $Q = 2{,}458$ kg/m.

Die Elastizität der beiden Riemen wurde in der Weise untersucht, daß der fertig geleimte Riemen in normaler Betriebslage auf die beiden Riemenscheiben von 2500 mm Dmr. aufgelegt und durch die Spannvorrichtung in wechselndem Maß gespannt wurde, wobei die erzeugte Riemenspannung an den Manometern der Meßdosen abgelesen wurde, während die Dehnung unmittelbar als Maß der Verschiebung des Spannrahmens beobachtet wurde. Um sicher zu erreichen, daß auch die auf den Scheiben aufliegenden Riementeile an der Dehnung teilnahmen, wurden die Riemenscheiben während der Messung durch die Elektromotoren mit geringer Geschwindigkeit gedreht.

Diese Untersuchungsart stellt im Grunde genommen nichts anderes dar als das von Bach eingeführte Einspannverfahren, nur in sehr großem Maßstab ausgeführt. Das beschriebene Verfahren ist zwar in seinen Ablesungsvorrichtungen der üblichen Elastizitätsmessung gegenüber verhältnismäßig roh; während man aber bei der Untersuchung in der Festigkeitsmaschine genötigt ist, kleine Stücke aus dem Riemen herauszuschneiden und dadurch dem Zufall einen breiten Raum zu gewähren, gewinnt man bei Untersuchung des ungeteilten Riemens in ganzer Länge und Breite unter allen Umständen einen zuverlässigen Durchschnittswert. Man untersucht den Riemen in dem gleichen Zustand, den er im Betrieb hat, und man kann ferner die Untersuchung beliebig vor oder nach dem Betriebsversuch anstellen.

In Fig. 73 sind die Ergebnisse der Dehnungsmessung aufgetragen. Die Belastung wurde in der Weise vorgenommen, daß nach jeder Ablesung mit der

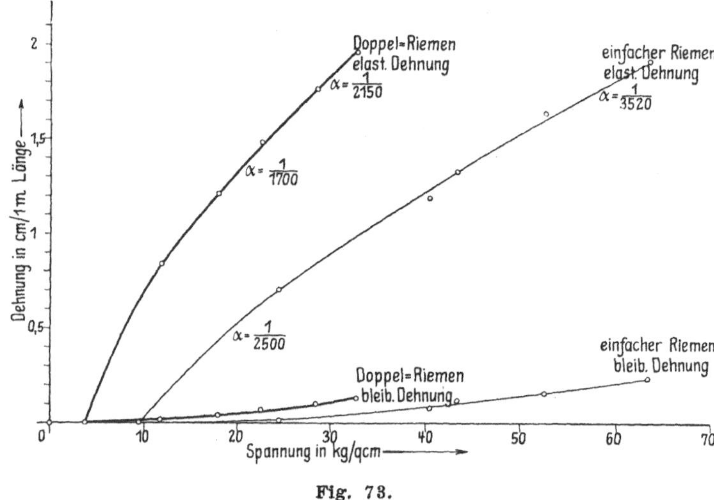

Fig. 73.

Belastung auf den Anfangswert zurückgegangen wurde. Die Ablesungen erfolgten in regelmäßigen Zeiträumen von 2 Minuten. Der mittlere Dehnungskoeffizient, bezogen auf die elastische Dehnung, ergab sich für den einfachen Riemen zu

$$\alpha = \text{etwa} \ \frac{1}{3000}$$

und für den Doppelriemen zu

$$\alpha = \text{etwa} \ \frac{1}{2000}.$$

Die beiden Vergleichsriemen wurden nicht nur auf ihre Elastizität, sondern auch auf ihren Reibungswert geprüft, um zu untersuchen, ob die unmittelbar gemessenen Reibungswerte mit denjenigen übereinstimmten, die aus den Betriebsversuchen mittelbar abgeleitet werden konnten. Zu diesem Zweck wurde die Riemenscheibe des Meßrahmens an diesem festgestellt, während die Riemenscheibe des Spannrahmens mit einem Belastungshebel ausgerüstet wurde. Nun wurde der Riemen in normaler Betriebslage aufgebracht, durch die Spannvorrichtung auf ein gewisses Maß gespannt, und der Gewichthebel so lange belastet, bis der Riemen zu gleiten begann. Durch die Spannvorrichtung wurde in jedem Riementrum eine Vorspannung k_v in kg für 1 cm Riemenbreite erzeugt, die an den Manometern der Meßdosen abgelesen wurde. Die Hebelbelastung rief im oberen Trum die zusätzliche Nutzspannung $^1/_2\,k_n$ in kg für 1 cm hervor, während sie die Spannung im unteren Trum um den gleichen Betrag $^1/_2\,k_n$ verminderte. Der Reibungswert μ der Ruhe ergab sich daher aus

$$e^{\mu\omega} = \frac{k_v + {}^1/_2\,k_n}{k_v - {}^1/_2\,k_n},$$

wobei $\omega = \pi$ war. Sobald das Gleiten des Riemens auf der Scheibe eingetreten war, wurde von der Hebelbelastung soviel abgenommen, daß wieder Stillstand eintrat; diese letztere Hebelbelastung entsprach dem Reibungswert der Bewegung. Es ergab sich, daß die Reibungswerte der Ruhe und der Bewegung sehr dicht nebeneinander lagen. Diese Tatsache gab sich bei den Versuchen schon äußerlich dadurch zu erkennen, daß das Gleiten nicht mit einem Ruck, sondern allmählich begann und stetig anhielt, so lange die Belastung dieselbe blieb.

In Fig. 74 sind die gemessenen Reibungswerte zusammengestellt. Sie nehmen mit steigender Belastung langsam ab und sind für den einfachen Riemen beträchtlich größer als bei dem Doppelriemen; offenbar beeinträchtigt die

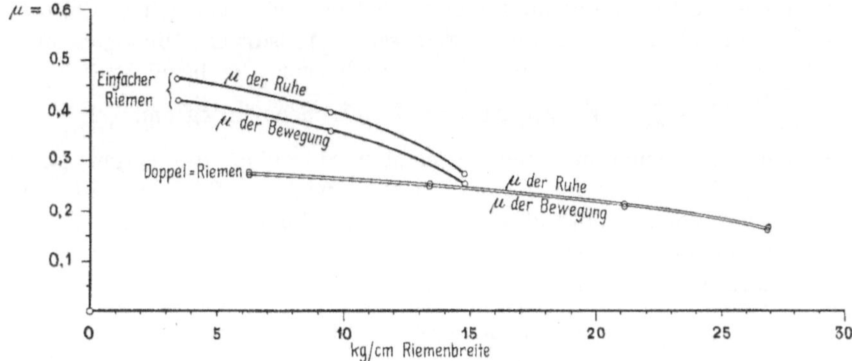

Fig. 74. Reibungswerte aus Gleitversuchen.

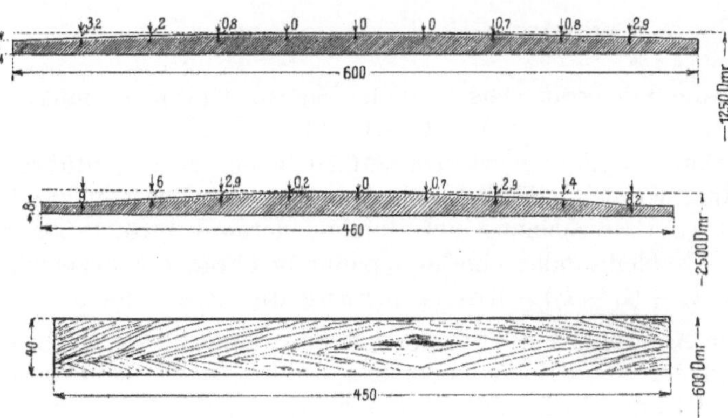

Fig. 75. Riemenscheibenprofile.

4*

größere Steifigkeit des Doppelriemens das Anschmiegen des Riemens an die Scheibe und vermindert dadurch den Reibungswert,

Für die Versuche mit Spannrolle wurde schließlich noch ein einfacher Riemen von 150 mm Breite benutzt. Auch dieser Riemen war aus Wirbelbahnen hergestellt und hatte eine zweijährige Grubengerbung mit Eichenlohe durchgemacht. Die Dicke betrug 5 mm, der Querschnitt $f = 7{,}5$ qcm, das Gewicht $Q = 0{,}69$ kg/m und der mittlere Dehnungskoeffizient $\alpha = \dfrac{1}{1250}$.

Die Wölbung der Riemenscheiben ist in Fig. 75 dargestellt. Sie wurde vorerst ziemlich stark gewählt, um sie später durch Nachdrehen verkleinern zu können. Diese starke Wölbung hatte den Nachteil, daß die Riemen nur teilweise auf den Scheiben auflagen, wodurch die Uebertragungsfähigkeit jedenfalls eingeschränkt wurde. Auch der Wirkungsgrad kann durch die starke Wölbung nur ungünstig beeinflußt worden sein, so daß die Ergebnisse tatsächlich günstiger liegen werden, als sie nach den Versuchen erscheinen. Die verwendete Holzscheibe war zylindrisch abgedreht.

12) Bezeichnungen der Riemenversuche.

Aus den Ablesungen der beiden Manometer in at ergab sich unmittelbar der gesamte Achsdruck A_v, gemessen in kg unter Benutzung der Manometereichkurve. Der Achsdruck, geteilt durch die doppelte Riemenbreite $2\,b$ ergab die entsprechende Spannung im Riemen, bezogen auf 1 cm seiner Breite. Der während des Stillstandes gemessene Achsdruck, bezogen auf 1 cm Riemenbreite, rief im Riemen eine Spannung hervor, die bezeichnet wurde mit

$$k_v = \frac{A_v}{2\,b} = \text{Vorspannung des Riemens in kg/cm.}$$

Sobald der Riemen in Betrieb gesetzt wird, gehen die Zeiger der Manometer zurück, der Achsdruck vermindert sich, weil die Fliehkraft des Riemens einen Teil der Vorspannung des Riemens übernimmt. Dieser im Betrieb gemessene verminderte Achsdruck A, bezogen auf 1 cm Riemenbreite, erzeugt eine Spannung, die die Bezeichnung erhielt

$$k_a = \frac{A}{2\,b} = \text{Achsspannung des Riemens in kg/cm}$$

Aus dem Gewicht q von 1 m Riemen von 1 cm Breite, gemessen in kg und aus der Riemengeschwindigkeit v in m/sk wurde für jeden Versuch berechnet:

$$k_f = \frac{q}{g}\,v^2 = \text{Fliehspannung des Riemens in kg/cm.}$$

Würde die Fliehkraft stets in voller Stärke wirken, so müßte

$$k_a = k_v - k_f$$

sein; Abweichungen hiervon würden auf Meßfehler zurückzuführen sein. Wie bereits erwähnt wurde, trifft dies jedoch nur für den Leerlauf zu; im belasteten Zustand tritt eine Erscheinung auf, infolge deren k_a größer als $k_v - k_f$ beobachtet wird. Es bleibt daher eine Restspannung übrig, die bezeichnet wurde mit

$$k_r = k_a - (k_v - k_f) = \text{Restspannung des Riemens in kg/cm.}$$

Aus den Ablesungen der Strom- und Spannungsmesser der Elektromotoren einerseits und der Generatoren anderseits ergab sich die Motorleistung N_m und die Generatorleistung N_g in KW. Hieraus kann man unter Benutzung der Wirkungsgrade der Elektromotoren bezw. der Generatoren die dem Riemen zugeführte Leistung und die vom Riemen abgegebene Leistung ermitteln. Als maßgebend für die vom Riemen übertragene Umfangskraft wurde im folgenden stets die dem Riemen zugeführte Leistung betrachtet, die um einige Hundertteile größer ist als die vom Riemen abgegebene Leistung. Aus der zugeführten Leistung ergab sich die Umfangskraft U zu

$$U^{\mathrm{kg}} = N_m{}^{\mathrm{KW}} \times \eta_m \times \frac{1000}{736} \cdot \frac{75}{v}.$$

Aus der Umfangskraft ergab sich:

$$k_n = \frac{U}{b} = \text{Nutzspannung des Riemens in kg für 1 cm.}$$

Bei Leerlauf des Riemens herrscht in jedem Trum die Spannung $k_a + k_f$. Wird der Riemen durch die Nutzspannung k_n belastet, so tritt in dem ziehenden Trum die Spannung $k_a + k_f + \frac{k_n}{2}$ auf, im gezogenen dagegen die Spannung $k_a + k_f - \frac{k_n}{2}$; denn der Unterschied der beiden Spannungen muß $= k_n$ sein und die Summe der beiden Spannungen muß $= 2\,(k_a + k_f)$ sein. Für die Anpressung des Riemens an die Scheibe kommt im ziehenden Trum nur die um die Fliehspannung verminderte Spannung, also der Wert $k_a + \frac{k_n}{2}$ zur Geltung, im gezogenen Trum in gleicher Weise der Wert $k_a - \frac{k_n}{2}$; das Verhältnis der beiden Werte ergibt sich zu

$$e^{\mu\omega} = \frac{k_a + {}^1\!/_2\,k_n}{k_a - {}^1\!/_2\,k_n} = \text{Spannungsverhältnis.}$$

Da ω aus dem Achsenabstand und den Scheibendurchmessern für jeden Versuch bekannt ist, so läßt sich hieraus ermitteln:

$$\mu = \text{beobachteter Mindestreibungswert des Riemens.}$$

Wichtig sind nur diejenigen gemessenen Werte von μ, die über dem üblichen Wert $\mu = 0{,}28$ liegen.

Aus dem Unterschied der Ablesungen der beiden Umlaufzähler ergibt sich der absolute scheinbare Schlupf und aus dem Verhältnis des absoluten Schlupfes zu der Gesamtzahl der Umläufe der relative Schlupf, gemessen in Hundertsteln:

$$\sigma = \text{scheinbarer Schlupf des Riemens.}$$

Die gemessenen Werte von σ sind zu vergleichen mit dem theoretischen Wert $\sigma = \dfrac{\frac{k_n}{s}}{E}$ (nach Grashof).

Als dritter kennzeichnender Wert tritt hinzu:

$$\eta = \frac{\eta_{total}}{\eta_{motor} \cdot \eta_{generator}} = \text{Wirkungsgrad des Riemens.}$$

Der Vollständigkeit wegen seien noch beigefügt die Bezeichnungen:

$$v = \text{Riemengeschwindigkeit in m/sk und}$$
$$k_T = k_a + k_f + {}^1\!/_2\,k_n = \text{Spannung im ziehenden Trum in kg/cm,}$$
$$k_t = k_a + k_f - {}^1\!/_2\,k_n = \text{Spannung im gezogenen Trum in kg/cm.}$$

Während alle bisher genannten Spannungen in kg/cm Breite gemessen sind, lassen sich die durch die Rundung der Scheibe hervorgerufene Biegungsspannung und die durch die Wölbung veranlaßte Wölbungsspannung nur in kg/qcm Querschnitt messen. Dementsprechend bezeichnet

$$s_b = \frac{E}{D} = \text{Biegungsbeanspruchung in kg/qcm,}$$

$$s_w = \begin{bmatrix} E\,\dfrac{W - iw}{D}, \text{ wenn } D \text{ treibt} \\[2ex] E\,\dfrac{W - iw}{id}, \text{ wenn } d \text{ treibt} \end{bmatrix} = \text{Wölbungsbeanspruchung in kg/qcm}$$

nach Radinger. Dabei sind W und w die Wölbüngshöhen in cm, D und d die Scheibendurchmesser in cm, i die Uebersetzung.

Die Abmessungen des Riemens sind bezeichnet durch $b =$ Riemenbreite, $s =$ Riemendicke.

13) Darstellung der Riemenversuche.

Die Hauptversuche wurden in der Weise durchgeführt, daß zunächst folgende Hauptgruppen gebildet wurden:

Riemenscheiben von 600 mm Dmr. und 1250 mm Dmr.

»	»	600	»	»	» 2500	» »
»	»	1250	»	»	» 1250	» »
»	»	1250	»	»	» 2500	» »
»	»	2500	»	»	» 2500	» »

Bei jeder Hauptgruppe wurde zunächst eine geringe Riemengeschwindigkeit und eine kleine Vorspannung eingestellt. Nun wurde zuerst ein Versuch mit geringer Nutzspannung ausgeführt, dann ein zweiter Versuch mit höherer Nutzspannung und so fort, bis die Spannung im ziehenden Trum 30 kg/qcm erreichte, wofern nicht vorher schon ein Gleiten des Riemens eintrat. Dann wurde unter Beibehaltung der Riemengeschwindigkeit die Vorspannung vergrößert und hiermit wieder Versuche mit verschiedener Nutzspannung durchgeführt. Bei der zweiten Reihe konnte die Nutzspannung im allgemeinen nicht so hoch getrieben werden wie in der ersten, weil sonst die Spannung im ziehenden Trum — $k_v + {}^1\!/_2\,k_n$ — den Wert 30 kg/qcm überschritten hätte. Darauf folgt eine dritte Versuchsreihe mit abermals gesteigerter Vorspannung und in einzelnen Fällen noch eine vierte Reihe.

Waren für eine Riemengeschwindigkeit genügend viele Versuche mit wechselnder Nutzspannung und Vorspannung ausgeführt, so wurde eine neue Gruppe mit gesteigerter Riemengeschwindigkeit begonnen, und zwar wieder aus einigen Reihen mit verschiedener Vorspannung bestehend, innerhalb derer die Nutzspannung für jeden Versuch gewechselt wurde

Erst nachdem mehrere Versuchsgruppen mit verschiedenen Riemengeschwindigkeiten durchgeführt waren, wurden die Riemenscheiben gewechselt, weil dieser Wechsel jedesmal Montagearbeit erforderte, während der Geschwindigkeitswechsel lediglich durch Aenderung der Schaltung erzielt wurde.

Wie sich später herausstellte, hätte man die für die Beurteilung maßgebenden Versuchswerte rascher gewonnen, wenn man nicht Versuchsreihen mit gleichgehaltener Vorspannung und wechselnder Nutzspannung gebildet hätte, sondern wenn man umgekehrt innerhalb jeder Reihe die Nutzspannung unveränderlich gehalten und die Vorspannung geändert hätte; denn die Mindestvorspannung ist aus dem eintretenden Gleiten rasch zu finden. Eine wesentliche Steigung der Vorspannung über diesen Mindestwert hinaus bietet aber kein besonderes Interesse. Bei den weiterhin anzustellenden Versuchen wird daher in dieser Weise vorzugehen sein. Ferner wird man bei den weiteren Versuchen sich nicht an eine Höchstspannung von 30 kg/qcm im ziehenden Trum binden, sondern mit der Gesamtspannung so weit gehen, bis die Manometer eine bleibende Dehnung innerhalb eines Zeitraumes von 30 Minuten erkennen lassen. Manometer und Achsenabstand müssen hierbei vor und nach jedem Versuch abgelesen werden.

In der genannten Weise wurden rund 1000 Riemenversuche durchgeführt. Da eine Mitteilung selbst nur eines Teils der Ergebnisse in Form von Zahlentafeln gänzlich unübersichtlich wäre, so ist auf die Drucklegung dieser Tafeln vorerst verzichtet worden, während die Werte von 42 Versuchsgruppen im Nachfolgenden in Form von axonometrischen Darstellungen wiedergegeben sind. Der Berichterstatter stellt aber natürlich die Originaltafeln jedem Fachgenossen zur Verfügung, der eine weitergehende Bearbeitung der Ergebnisse vornehmen will.

In diesen axonometrischen Darstellungen sind aufgetragen:

als Abszissen von links nach rechts: die Nutzspannungen k_n;
als Abszissen von hinten nach vorn: die Vorspannungen k_v;
und als Ordinaten: der Wirkungsgrad des Riemens η, der Mindestreibungswert μ und der scheinbare Schlupf σ.

Ueber jeder Darstellung ist das Schema des Riementriebes maßstäblich skizziert, wobei die Durchmesser der Riemenscheiben, der Achsenabstand, die Riemengeschwindigkeit und die senkrechten und wagerechten Achsdrücke des Stillstandes vermerkt sind; gleichzeitig sind durch Pfeile die treibende Scheibe und die Lage des ziehenden Trums gekennzeichnet. In die axonometrische Darstellung selbst sind die fortlaufenden Nummern der Versuche und die Versuchstage eingeschrieben. Auch ist jedesmal der gesamte im Betrieb gemessene Achsdruck eingeschrieben, um einen Einblick in die Lagerdrücke zu gewinnen. Die Versuchswerte selbst sind in der üblichen Weise durch kleine Kreise bezeichnet und diese durch vermittelnde Kurven verbunden. Die Kurven der Wirkungsgrade η sind stark ausgezogen; die Kurven der Mindestreibungswerte μ sind dünn gezogen, soweit sie unterhalb des üblichen Wertes 0,28 liegen, während der über diesem Werte liegende allein interessierende Ast stark gezogen ist. Die Kurven der Werte des scheinbaren Schlupfes sind gestrichelt; Schlupf-

werte, die über dem theoretischen Wert $\sigma = \dfrac{k_n \dfrac{1}{s}}{E}$ liegen, kommen nur ganz vereinzelt vor; sie sind dadurch hervorgehoben, daß der über diesem Wert liegende Ast der Kurve dick gestrichelt ist.

Um die vermittelnden Kurven genauer bestimmen zu können, wurden für alle Gruppen, die mehr als zwei Versuchsreihen enthalten, noch die Schichtenlinien der Wirkungsgradfläche und der Reibungswertfläche in besonderen Figuren dargestellt. Diese Schichtenlinien geben insbesonders auch Aufschluß darüber, wo die Höchstwerte von η und μ liegen, und lassen den wechselseitigen Einfluß von Vorspannung und Nutzspannung gut erkennen.

14) Einfluß der Nutzspannung und der Vorspannung des Riemens.

I. Hauptgruppe:

Einfacher Riemen 375 mm breit.
Scheiben von 600 mm Dmr. und 1250 mm Dmr.

$v = 9{,}56$ m/sk; kleine Scheibe aus Eisen,
unteres Trum zieht, Uebersetzung ins Langsame, Fig. 76.

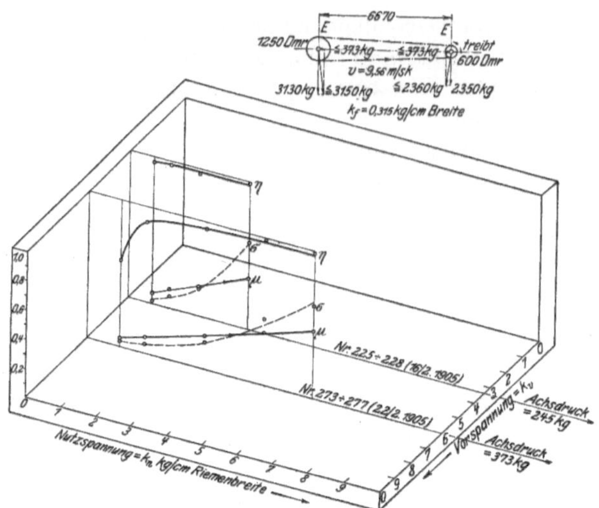

Fig. 76. I. Hauptgruppe. Einfacher Riemen, 375 mm breit.

Bei kleiner Vorspannung (3 kg/cm) steigt der Wirkungsgrad sehr rasch mit der Nutzspannung: bei einem Wert von $k_n = 1$ kg/cm wird bereits ein η von 0,97 erreicht. Bei höherer Vorspannung (6 kg/cm) findet das Ansteigen langsamer statt: bei $k_n = 2$ at erreicht η den Wert 0,92. In beiden Fällen bleibt η dann nahezu unveränderlich: es erreicht langsam einen Höchstwert, und zwar bei höherer Vorspannung später, und fällt dann fast unmerklich wieder ab.

Der Reibungswert μ müßte der Kurve folgen, die sich aus

$$e^{\mu\omega} = \frac{k_v + {}^1/_2\,k_n}{k_v - {}^1/_2\,k_n}$$

ergibt; der Wert $\mu = 0{,}28$ könnte nach der üblichen Voraussetzung nicht wesentlich überschritten werden, sondern es müßte dann der Schlupf σ plötzlich sehr groß werden. Der unterhalb des Wertes $\mu = 0{,}28$ liegende Ast der μ-Kurve bietet kein Interesse, er ist daher nur dünn gezogen, während der oberhalb $\mu = 0{,}28$ liegende Ast stark gezogen dargestellt ist. In der vorliegenden Fig. 76 wird bei $k_v = 3$ der Wert $\mu = 0{,}33$ und bei $k_v = 6$ der Wert $\mu = 0{,}43$ erreicht, ohne daß ein Gleitschlupf eintritt.

Der scheinbare Schlupf σ müßte der geraden Linie

$$\sigma = \frac{k_n\,\dfrac{1}{8}}{E}$$

folgen, vorausgesetzt, daß E unveränderlich wäre Tatsächlich nimmt bekanntlich E mit k_n zu (Bach: »Abhandlungen und Berichte« S. 5 u. f.); der scheinbare Schlupf müßte daher einer Kurve folgen, die sich von der Geraden abweichend mehr und mehr der Abszissenachse zuwendet. Tatsächlich bleiben die σ-Werte durchweg unter dem theoretischen Werte $\sigma = \dfrac{k_n\,\dfrac{1}{8}}{E}$ und bilden eine schwach nach oben hohle Kurve, die Höchstwerte von σ sind erst 0,56 und 0,64 vH.

$v = 9{,}58$ m/sk; kleine Scheibe aus Holz;
unteres Trum zieht; Uebersetzung ins Langsame, Fig. 77.

Es liegen also dieselben Verhältnisse vor wie bei der vorhergehenden Versuchsgruppe, mit der einzigen Ausnahme, daß die kleine Scheibe aus Holz ist. Die mit der Eisenscheibe von 600 mm Dmr. ausgeführten Versuche sind im folgenden nicht dargestellt, da sich bei dem Schlußvergleich ergeben hat, daß die Versuche mit dieser Scheibe abnormal ausfielen, weil die Scheibe aus konstruktiven Gründen einige Löcher an ihrem Umfang hatte. Der Vergleich

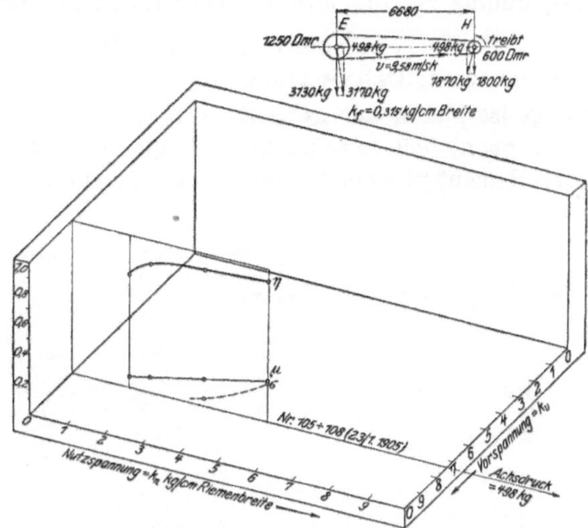

Fig. 77.   I. Hauptgruppe.   Einfacher Riemen, 375 mm breit.

der Werte für Holz- und Eisenscheiben ist in einem besonderen Abschnitt behandelt; es mag daher hier nur darauf aufmerksam gemacht werden, daß der Verlauf der Kurven im wesentlichen ein ganz gleichartiger wie in beiden vorhergehenden Gruppen ist; die Versuchsreihe wurde abgebrochen, als die Gesamtspannung $k_v + \frac{1}{2} k_n$ den Wert 10 kg/cm (= 30 kg/qcm) erreicht hatte; aus dem Verlauf der μ-Kurve ist ersichtlich, daß der Riemen eine wesentlich größere Leistung hätte übernehmen können.

$v = 9{,}8$ m/sk; kleine Scheibe aus Holz;

unteres Trum zieht; Uebersetzung ins Schnelle, Fig. 78.

Der Wirkungsgrad erreicht bereits bei der Nutzspannung $k_n = 2$ kg/cm den Wert 0,93 (bei $k_v = 4{,}5$); η steigt dann langsam weiter, erreicht bei etwa

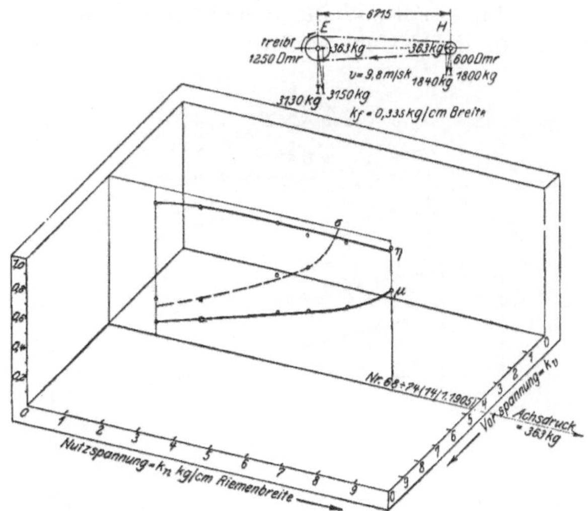

Fig. 78.   I. Hauptgruppe.   Einfacher Riemen, 375 mm breit.

$k_n = 5$ seinen Höchstwert, um von da an ganz langsam zu fallen. Der Reibungswert steigt bis zu einem Wert $\mu = 0{,}65$. Der Schlupf σ schwenkt bei $k_n = 6$ plötzlich nach oben ab, d. h. es wird dann aus dem scheinbaren Schlupf ein Gleitschlupf, ein Zeichen, daß die Vorspannung nicht mehr groß genug im Verhältnis zur Nutzspannung ist, daß also μ einen Grenzwert bereits erreicht hat.

$v = 12{,}5$ m/sk; kleine Scheibe aus Holz;

unteres Trum zieht; Uebersetzung ins Langsame, Fig. 79.

Die Vorspannung ist hier höher gewählt ($k_v = 7{,}3$ kg/cm) als bei den vorhergehenden drei Gruppen (mit Rücksicht auf die höhere Fliehkraft): der Wirkungsgrad steigt dementsprechend viel später an und erreicht erst bei

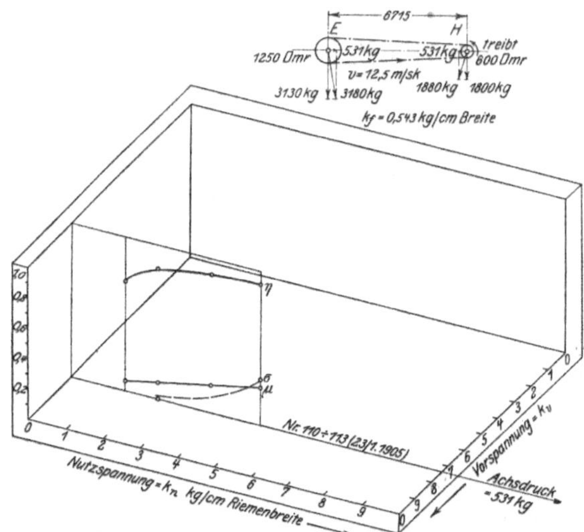

Fig. 79. I. Hauptgruppe. Einfacher Riemen, 375 mm breit.

$k_n = 4$ kg/cm den Wert $\eta = 0{,}9$. μ und σ liegen sehr tief, die Nutzspannung hätte bei gleichbleibender Vorspannung daher wesentlich gesteigert werden können; die Versuchsreihe wurde aber abgeschlossen, als die Gesamtspannung

$$k_v + \frac{k_n}{2} = 10 \text{ kg/cm} \ (= 30 \text{ kg/qcm}) \text{ erreicht war.}$$

$v = 13{,}12$ m/sk; kleine Scheibe aus Holz;

unteres Trum zieht; Uebersetzung ins Schnelle, Fig. 80.

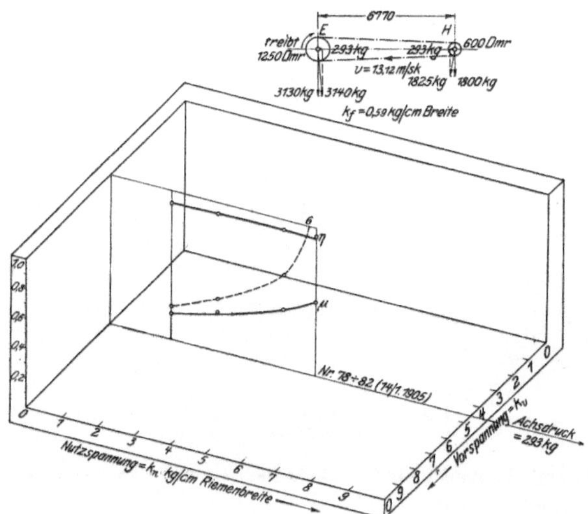

Fig. 80. I. Hauptgruppe. Einfacher Riemen, 375 mm breit.

Die hier dargestellte Versuchsreihe entspricht im wesentlichen der vorhergehenden (Fig. 79) nur findet hier Uebersetzung ins Schnelle statt, während dort ins Langsame übersetzt wurde. Die Vorspannung ist wesentlich niedriger gewählt wie dort $k_v = 5{,}6$ statt $7{,}3$ kg/cm; dementsprechend wird hier die Uebertragungsfähigkeit bei $k_n = 6$ kg/cm erschöpft, wobei μ bereits den hohen Wert von $0{,}5$ erreicht; die Grenze der Uebertragungsfähigkeit ist aus dem plötzlichen Abschwenken der σ-Kurve nach oben erkennbar.

$v = 15{,}6$ m/sk; kleine Scheibe aus Holz;
unteres Trum zieht; Uebersetzung ins Langsame, Fig. 81.

Bei $k_n = 3$ hat η den Wert $0{,}9$ überschritten. Bei $k_v = 4{,}6$ und bei $k_n = 3$ kg/cm ist die Uebertragungsfähigkeit an ihrer Grenze: die σ-Kurve biegt

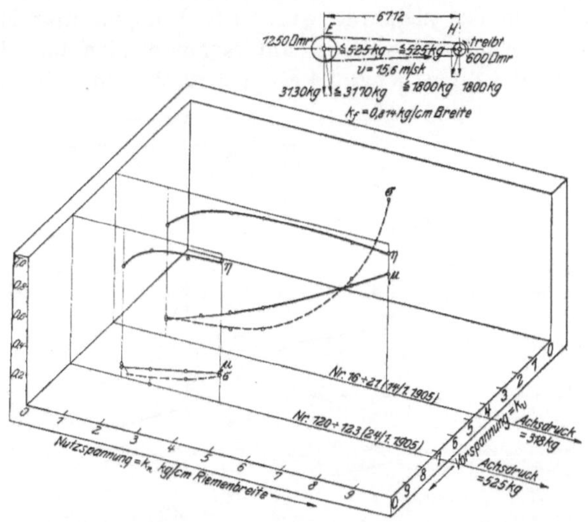

Fig. 81. I. Hauptgruppe. Einfacher Riemen, 375 mm breit.

nach oben um, und η beginnt zu fallen; μ erreicht dabei den hohen Wert $0{,}8$. Die Versuchsreihe mit der höheren Vorspannung $k_v = 7{,}3$ wurde abgebrochen bei $k_n = 4$, also bei der Gesamtspannung $k_v + \frac{1}{2} k_n = 9{,}3$ kg/cm ($= 28$ kg/qcm).

$v = 16{,}24$ m/sk; kleine Scheibe aus Holz;
unteres Trum zieht; Uebersetzung ins Schnelle, Fig. 82.

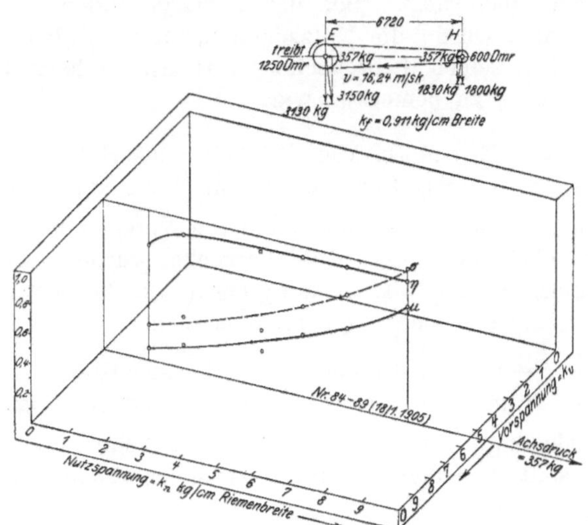

Fig. 82. I. Hauptgruppe. Einfacher Riemen, 375 mm breit.

Die Versuchsgruppe entspricht im wesentlichen der letzten, Fig. 81; jedoch wird in das Schnelle statt in das Langsame übersetzt. Riemengeschwindigkeit und Vorspannung (5,3 kg/cm) liegen um ein geringes höher. η erreicht bei $k_n = 3$ den Wert 0,91. μ steigt bis zu dem hohen Wert 0,75, wobei die Schlupfkurve ihren flachen Verlauf noch beibehält. Der Wirkungsgrad liegt bei der Uebersetzung ins Schnelle etwas tiefer: Höchstwert = 0,94 gegen 0,96 vorher. Das Gleiche gilt für μ.

$v = 16{,}24$ m/sk; kleine Scheibe aus Holz;
oberes Trum zieht; Uebersetzung ins Schnelle, Fig. 83.

Es liegen also genau dieselben Bedingungen vor, wie bei der vorhergehenden Gruppe, Fig. 82; nur zieht hier das obere Trum, während bisher stets das untere Trum das ziehende war. Die Vorspannung ist genau dieselbe wie vorher. Der Verlauf der Kurven unterscheidet sich nur darin, daß η hier merklich fällt, sobald k_n den Wert 5 kg/cm erreicht hat, und daß die Schlupf-

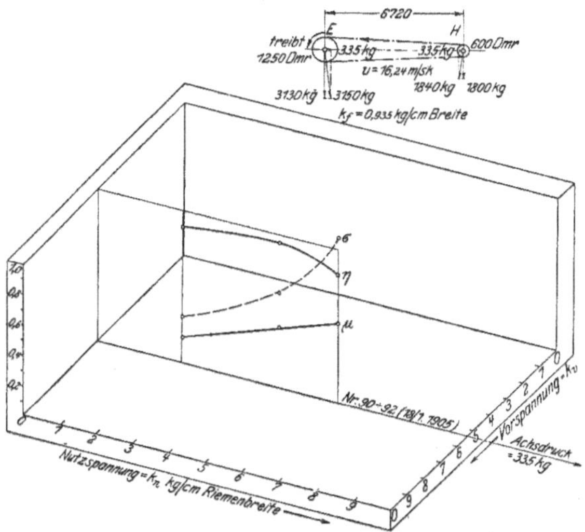

Fig. 83. I. Hauptgruppe. Einfacher Riemen, 375 mm breit.

kurve an eben dieser Stelle nach oben abschwenkt. Aus beiden Anzeichen ist zu entnehmen, daß die Uebertragungsfähigkeit viel früher erschöpft ist, wenn das ziehende Trum oben liegt. Bei der vorhergehenden Versuchsreihe mit ziehendem Trum unten wurde die Nutzspannung $k_n = 8$ kg/cm erreicht, wobei der Schlupf noch nicht seinen theoretischen Wert erlangt hatte und wobei kein merkliches Fallen von η zu bemerken war.

$v = 18{,}78$ m/sk; kleine Scheibe aus Holz;
unteres Trum zieht; Uebersetzung ins Langsame, Fig. 84.

Der Wirkungsgrad steigt bei der kleineren Vorspannung bis zu $\eta = 0{,}97$, der Reibungswert bis zu $\mu = 0{,}34$. Die Versuche wurden abgeschlossen bei den Gesamtspannungen $k_v + \tfrac{1}{2} k_n = 9{,}6$ kg/cm (= 29 kg/qcm); die Uebertragungsfähigkeit war hierbei noch lange nicht erreicht.

$v = 19{,}35$ m/sk; kleine Scheibe aus Holz;
unteres Trum zieht; Uebersetzung ins Schnelle, Fig. 85.

Die Versuchsbedingungen sind dieselben wie beim letzten Versuch, nur wird ins Schnelle statt ins Langsame übersetzt; die Vorspannung ist die gleiche

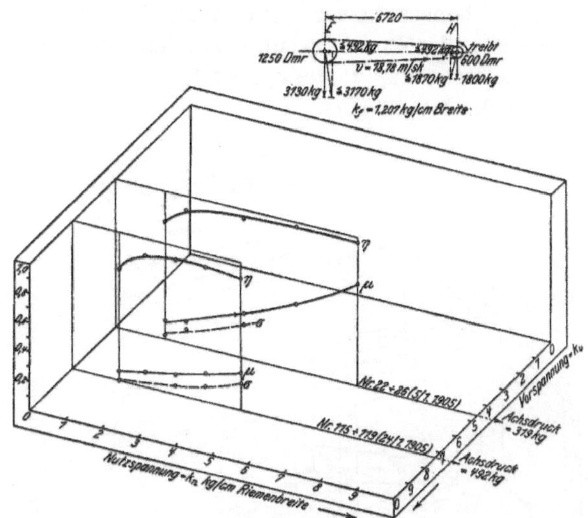

Fig. 84. I. Hauptgruppe. Einfacher Riemen, 375 mm breit.

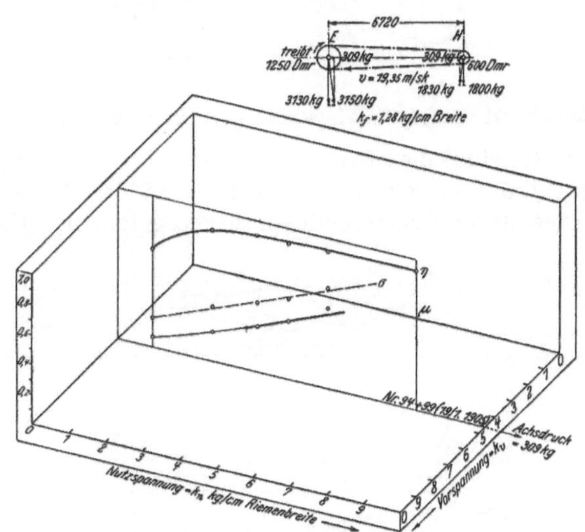

Fig. 85. I. Hauptgruppe. Einfacher Riemen, 375 mm breit.

wie vorher: $k_v = 4{,}6$ kg/cm. Der Wirkungsgrad liegt bei der Uebersetzung ins Schnelle durchweg etwas tiefer: Höchstwert $\eta = 0{,}92$ statt $0{,}96$. Der scheinbare Schlupf ist dementsprechend bei der Uebersetzung ins Schnelle etwas größer. Die Werte von μ sind nahezu die gleichen.

II. Hauptgruppe:

Einfacher Riemen 375 mm breit.
Scheiben 600 mm Dmr. und 2500 mm Dmr.

$v = 12{,}8$ m/sk; kleine Scheibe aus Holz;
unteres Trum zieht; Uebersetzung ins Langsame, Fig. 86.

Gegenüber den gleichartigen Versuchsbedingungen der Fig. 79 erscheint als bemerkenswert, daß der Schlupf bei dem kleineren umspannten Bogen der treibenden Scheibe von 600 mm Dmr. (infolge der größeren Gegenscheibe) wesentlich größer ist. Bemerkenswert sind auch die höheren Werte des Wirkungsgrades. μ erreicht die Werte 0,4 und 0,6; letzterer ist als ein Grenzwert zu betrachten, weil gleichzeitig σ stark ansteigt. Die Wirkungsgrade liegen von $k_n = 3$ an sehr hoch: bis zu 0,98.

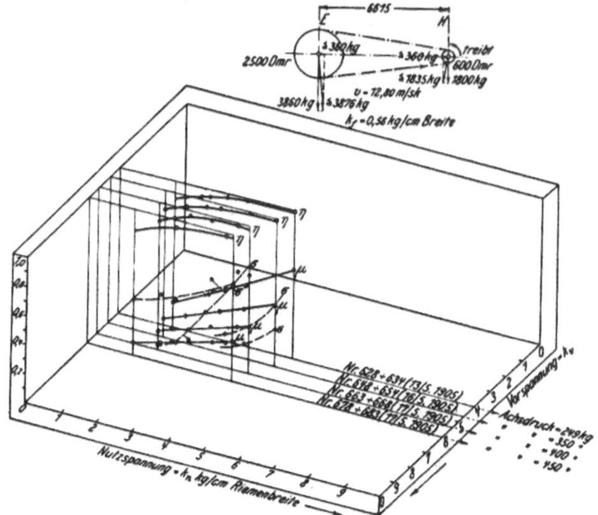

Fig. 86. II. Hauptgruppe. Einfacher Riemen, 375 mm breit.

In der Fig. 87 sind die Ergebnisse der oben vorgeführten Versuchsgruppe in Schichtenlinien dargestellt. Zunächst sind die Werte 0,90—0,95—0,975 des Wirkungsgrades durch Schichtenlinien hervorgehoben. Man erkennt ohne

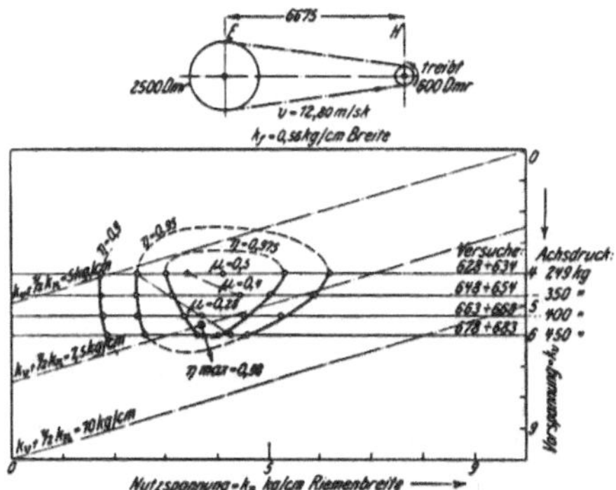

Fig. 87. II. Hauptgruppe. Einfacher Riemen, 375 mm breit.

weiteres, daß diese sich als geschlossene Linienzüge zeigen, die in ihrer Gesamtheit einen langgestreckten Bergrücken bilden. Die Längsachse dieses Rückens fällt in eine lotrechte Ebene, die die Grundebene nach einer Spur schneidet, deren Ordinaten ungefähr durch den Wert

$$k_v + {}^1/_2\, k_n = 7{,}5 \text{ kg/cm}$$

gekennzeichnet sind. Der Höchstwert des Wirkungsgrades beträgt $\eta = 0{,}98$ und liegt bei $k_v = 4{,}0$ und $k_n = 5{,}5$. Da $k_v + {}^1/_2\, k_n$ die Gesamtspannung im ziehenden Trum ist, so gibt es also eine solche Gesamtspannung, für die der Wirkungsgrad einen Höchstwert erreicht, und die im vorliegenden Fall 7,5 kg/cm beträgt. Oder mit anderen Worten: es gibt für jede Nutzspannung einen günstigsten Wert der Vorspannung, und zwar ist dieser günstigste Wert der Vorspannung umso kleiner, je größer die Nutzspannung ist. Es erscheint daher zweckmäßig, in jedem Fall dem Riemen eine ganz bestimmte Vorspannung zu geben, für die η seinen Höchstwert erreicht. Im vorliegenden Fall beträgt dieser günstigste Wert der Vorspannung

$$k_v = 7{,}5 - k_n.$$

Es wird also zur Erreichung eines hohen Wirkungsgrades die Anwendung einer Spannvorrichtung erforderlich sein, um unabhängig von der allmählichen Reckung des Riemens immer die günstigste Vorspannung einstellen zu können.

$v = 15{,}9$ m/sk; kleine Scheibe aus Holz;
unteres Trum zieht; Uebersetzung ins Langsame, Fig. 88.

Gegenüber der letzten Gruppe nur höhere Geschwindigkeit; Vorspannung unverändert $= 4{,}0$ kg cm. Die Wirkungsgradkurve fällt genau mit der entsprechenden der letzten Gruppe zusammen. Der Reibungswert erreicht den-

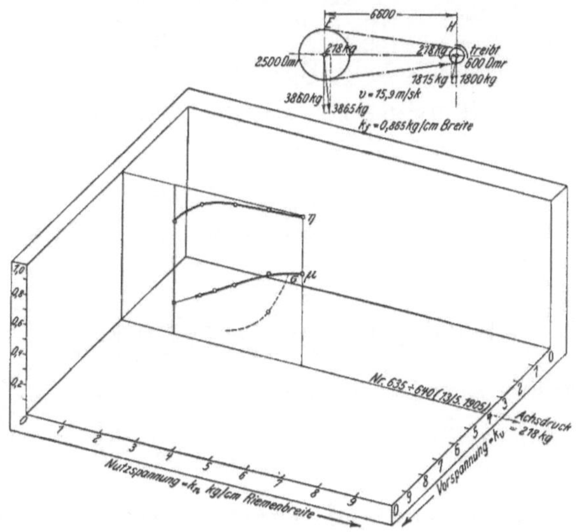

Fig. 88. II. Hauptgruppe. Einfacher Riemen, 375 mm breit.

selben Grenzwert 0,6 wie vorher. Gegenüber der Versuchsgruppe, Fig. 81, mit gleicher Geschwindigkeit und kleinerer Gegenscheibe liegt η wieder merklich höher. Der Schlupf ist dem kleineren umspannten Winkel entsprechend wieder beträchtlich größer.

$v = 19{,}10$ m/sk; kleine Scheibe aus Holz;
unteres Trum zieht; Uebersetzung ins Langsame, Fig. 89.

Die Vorspannungen liegen hier etwas höher als vorher; der Grenzwert von μ wird nicht ganz erreicht, denn die Schlupfkurve verläuft noch ziemlich flach. Vergleicht man diese Gruppe mit der entsprechenden Fig. 84 der Hauptgruppe I (Gegenscheibe von 1250 mm Dmr.), so findet man, daß die zu gleicher Vorspannung gehörigen Wirkungsgradkurven genau zusammenfallen.

Die Schichtenlinien für den Wirkungsgrad, Fig. 90, geben hier besonders deutlich das Bild eines langgestreckten Bergrückens, dessen Längsachse die Grundebene nach der Spur

$$k_v + \tfrac{1}{2}\,k_n = 7{,}5 \text{ kg/cm}$$

schneidet. Der Höchstwert von $\eta = 0{,}98$ liegt bei $k_v = 5{,}3$ und bei $k_v = 4{,}4$. Der günstigste Wert der Vorspannung beträgt wieder

$$k_v = 7{,}5 - \tfrac{1}{2}\,k_n.$$

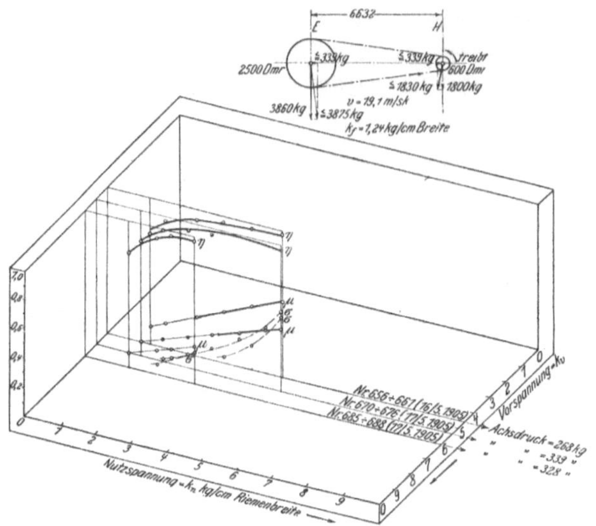

Fig. 89. II. Hauptgruppe. Einfacher Riemen, 375 mm breit.

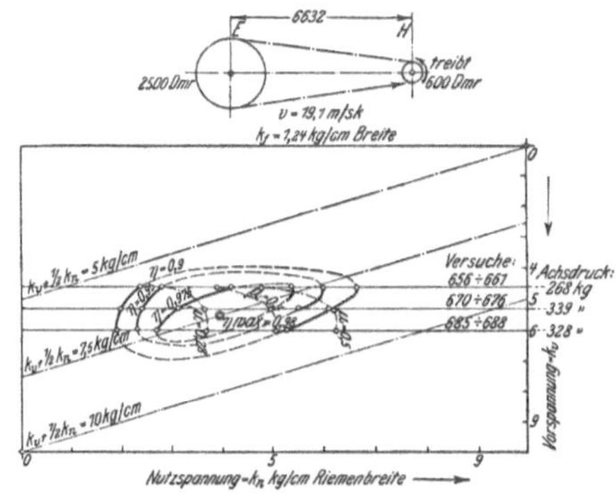

Fig. 90. II. Hauptgruppe. Einfacher Riemen, 375 mm breit.

III. Hauptgruppe:

Einfacher Riemen, 375 mm breit.
Scheiben von 1250 mm Dmr. und 1250 mm Dmr.
$v = 13$ m/sk; unteres Trum zieht, Fig. 91.

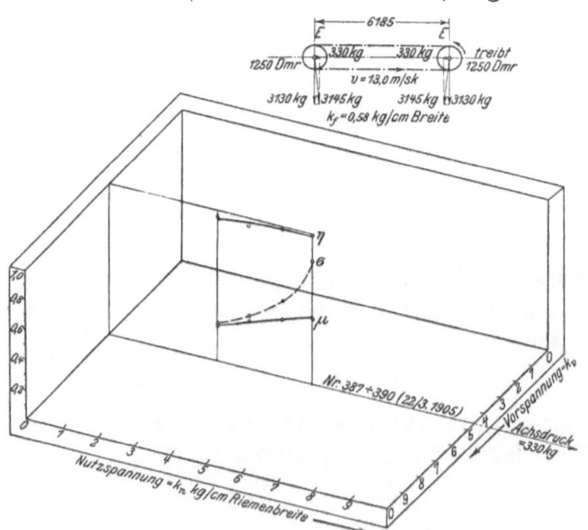

Fig. 91. III. Hauptgruppe. Einfacher Riemen, 375 mm breit.

Der Wirkungsgrad überschreitet den Wert 0,98; μ kommt bis auf 0,45, befindet sich aber noch nicht an seiner Grenze, da σ hierbei noch nicht den theoretischen Wert erreicht hat.

$v = 13{,}24$ m/sk; mit Spannrolle; unteres Trum zieht, Fig. 92.

Die Versuchsbedingungen sind die gleichen wie vorher, die Geschwindigkeit ist die gleiche, auch die Vorspannung ist für die Versuchsreihe mit $k_v = 4{,}7$ dieselbe. Da die Scheiben gleichen Durchmesser haben, so wird durch die Spannrolle der umspannte Bogen nur bei der einen Scheibe vergrößert; infolge-

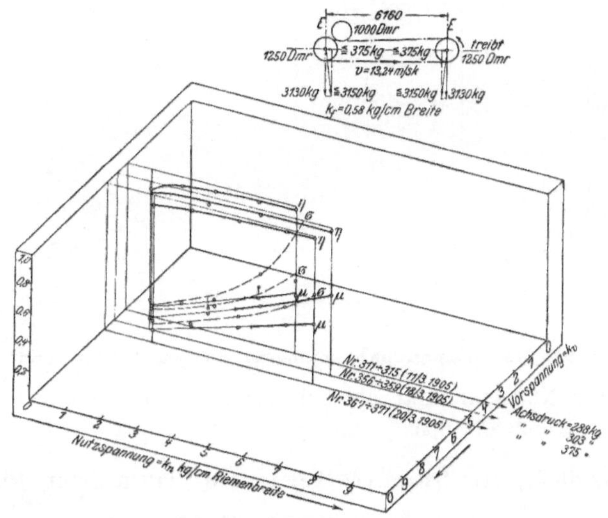

Fig. 92. III. Hauptgruppe. Einfacher Riemen, 375 mm breit.

dessen wird die Wirkung nur geringfügig sein. Immerhin ist erkennbar, daß der Wirkungsgrad bei der Spannrolle um ein Geringes tiefer liegt — Höchstwert 0,97 gegen 0,98 —. Dagegen liegt die μ-Kurve bei der Spannrolle ein wenig höher: μ erreicht hier einen Grenzwert $= 0{,}53$.

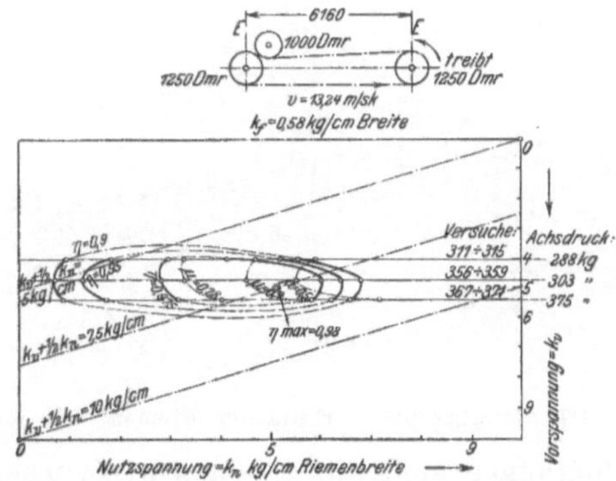

Fig. 93. III. Hauptgruppe. Einfacher Riemen, 375 mm breit.

Die Schichtenlinien, Fig. 93, für η ergeben wieder das Bild eines langgestreckten Bergrückens mit dem Höchstwert $\eta = 0{,}97$ bei $k_v = 5{,}3$ und bei $k_n =$ etwa 5, also bei $k_v + \tfrac{1}{2}\, k_n = 7{,}5$.

$v = 26{,}5$ m/sk; unteres Trum zieht, Fig. 94.

Gegenüber der Versuchsreihe Fig. 91, ist nur die Geschwindigkeit auf das Doppelte gesteigert; der Wirkungsgrad erreicht seinen Höchstwert früher,

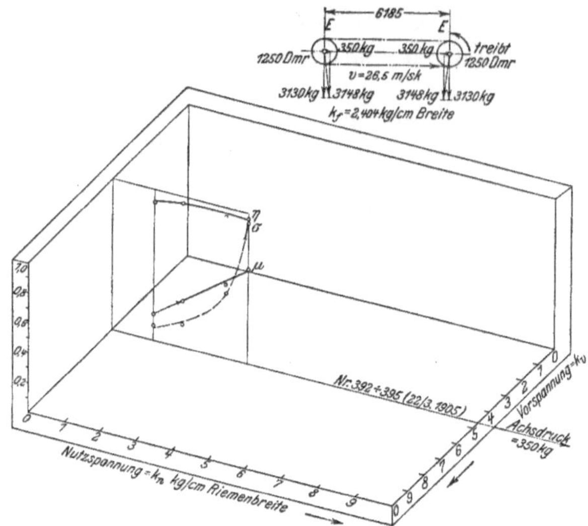

Fig. 94. III. Hauptgruppe. Einfacher Riemen, 375 mm breit.

d. h. bei kleinerer Nutzspannung als bei der halb so großen Geschwindigkeit. μ erreicht einen Grenzwert $0{,}60$.

$v = 26{,}52$ m/sk; mit Spannrolle; unteres Trum zieht, Fig. 95.

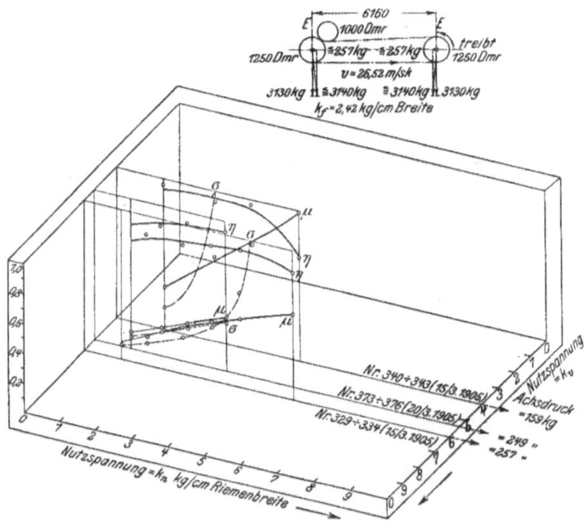

Fig. 95. III. Hauptgruppe. Einfacher Riemen, 375 mm breit.

Die Versuchsbedingungen sind die gleichen wie vorher; nur ist die Spannrolle hinzugekommen; auch die Vorspannung liegt in gleicher Höhe — $4{,}0$ und $5{,}3$ gegen $4{,}6$ kg/cm —. Die der gleichen Vorspannung entsprechende, durch Interpolation zu gewinnende Wirkungsgradkurve liegt in ihrem mittleren Verlauf bei der Spannrolle um ein geringes tiefer, Höchstwert $0{,}94$ gegen $0{,}96$. Die μ-Kurve liegt bei der Spannrolle ein klein wenig höher.

IV. Hauptgruppe:

Einfacher Riemen 375 mm breit;
Scheiben von 1250 mm Dmr. und 2500 mm Dmr.

$v = 13{,}06$ m/sk; unteres Trum zieht; Uebersetzung ins Langsame, Fig. 96.

Da in dieser Gruppe vier Versuchsreihen mit je einer anderen Vorspannung ausgeführt wurden, so läßt sich aus der Figur nicht nur der Einfluß der Nutzspannung, sondern auch der der Vorspannung sehr gut ablesen. Bei höherer Vorspannung tritt der Höchstwert des Wirkungsgrades früher ein. Die Werte

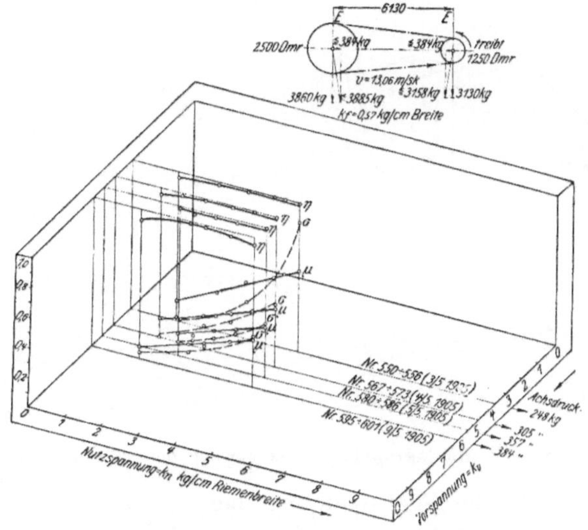

Fig. 96. IV. Hauptgruppe. Einfacher Riemen, 375 mm breit.

von μ steigen naturgemäß um so rascher an, je niedriger die Vorspannung ist. Das Gleiche gilt für die σ-Kurven. Gegenüber der entsprechenden Versuchsgruppe Fig. 91, S. 64, ist kein wesentlicher Unterschied im Verlauf der Kurven erkennbar, nur wird der gleiche Höchstwert des Wirkungsgrades schon bei etwas kleinerer Nutzspannung erreicht. μ nähert sich einem Grenzwert $0{,}60$.

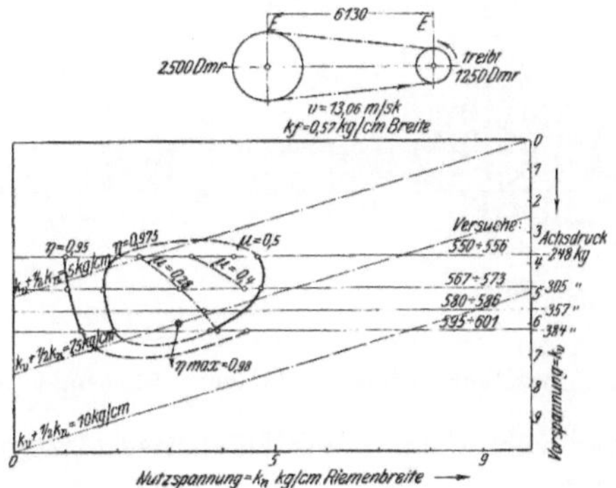

Fig. 97. IV. Hauptgruppe. Einfacher Riemen, 375 mm breit.

Die Schichtenlinien für η, Fig. 97, geben wieder das Bild eines langgestreckten Bergrückens, dessen Längsachse hier der Spur $k_v + \tfrac{1}{2} k_n = 6{,}5$ folgt; der Höchstwert von $\eta = 0{,}98$ liegt bei $k_v = 6$ und $k_n = 3$.

5*

$v = 26{,}_{26}$ m/sk; unteres Trum zieht; Uebersetzung ins Langsame, Fig. 98.

Die Versuchsbedingungen sind die gleichen wie vorher, nur ist die Geschwindigkeit auf das Doppelte gestiegen; die Vorspannungen sind unverändert geblieben. Die η-Kurven liegen im Wesentlichen in gleicher Höhe, nur treten die Höchstwerte bereits bei kleinerer Nutzspannung auf. Die μ-Kurven liegen

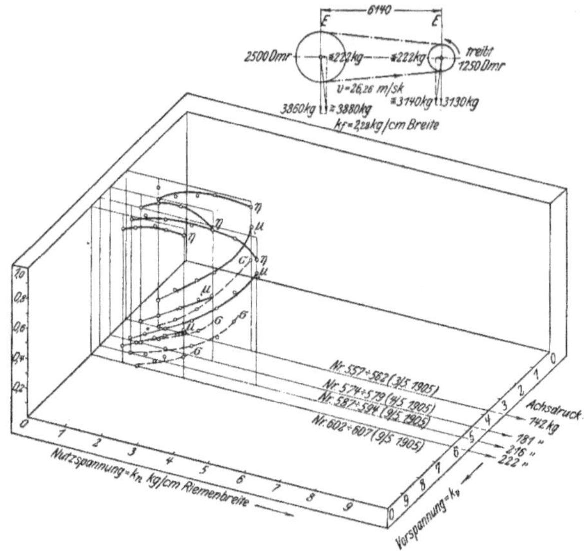

Fig. 98. IV. Hauptgruppe. Einfacher Riemen, 375 mm breit.

naturgemäß höher, da die Fliehspannung bei der größeren Geschwindigkeit mehr Einfluß gewinnt. Die σ-Kurven schwenken dementsprechend etwas früher nach oben ab.

Die Schichtenlinien, Fig. 99, schließen sich zu einem Rücken mit der Längsachse $k_v + {}^1/{}_2\, k_n = 6{,}0$ zusammen; gegenüber dem vorigen Versuch erscheint

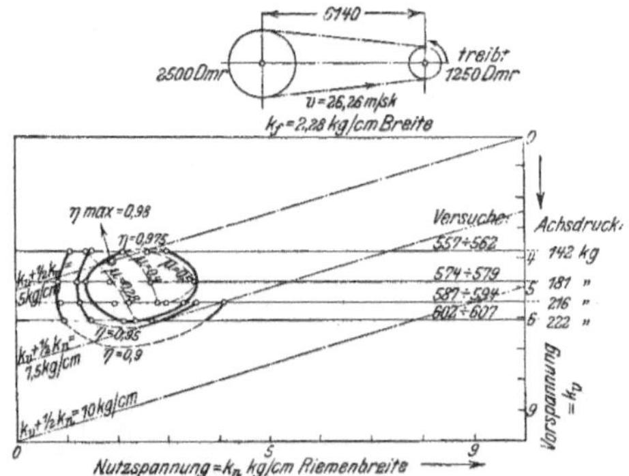

Fig. 99. IV. Hauptgruppe. Einfacher Riemen, 375 mm breit.

der Rücken nach links verschoben; der Höchstwert von $\eta = 0{,}_{98}$ liegt bei $k_v = 4$ und $k_n = 2$.

$v = 26{,}_0$ m/sk; unteres Trum zieht; Uebersetzung ins Schnelle, Fig. 100.

Gegenüber dem vorigen Versuch ist nur die Uebersetzung geändert; Geschwindigkeit und Vorspannung sind gleich geblieben. Der Wirkungsgrad liegt durchweg um ein Geringes höher, die μ-Kurve etwas niedriger; der Schlupf ist beträchtlich größer.

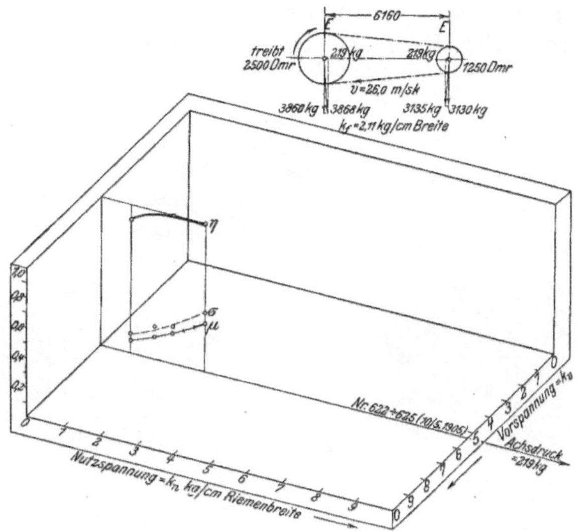

Fig. 100. IV. Hauptgruppe. Einfacher Riemen, 375 mm breit.

$v = 26{,}1$ m/sk; oberes Trum zieht; Uebersetzung ins Schnelle, Fig. 101.

Gegenüber dem vorhergehenden Versuch ist nur die Lage des ziehenden Trums eine andere; Geschwindigkeit und Vorspannung sind unverändert. Der

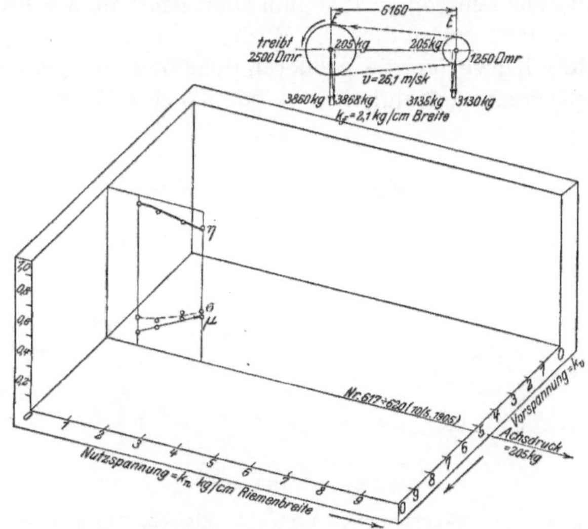

Fig. 101. IV. Hauptgruppe. Einfacher Riemen, 375 mm breit.

Wirkungsgrad fällt hier rasch ab, μ und σ sind ebenso groß wie vorher. Die Lage des ziehenden Trums unten ist also für η wesentlich günstiger.

V. Hauptgruppe:

Einfacher Riemen, 375 mm breit;

Scheiben von 2500 mm Dmr. und 2500 mm Dmr.

$v = 26{,}4$ m/sk; unteres Trum zieht, Fig. 102.

Die Versuchsreihe mit niedrigster Vorspannung, $3{,}4$ kg/cm, wurde soweit geführt, daß bereits ein merkliches Gleiten eintrat; dem rasch anwachsenden

Schlupf entspricht ein starkes Abfallen des Wirkungsgrades in dieser ersten Reihe. Auch bei der nächsten Reihe mit etwas höherer Vorspannung, 4,0 kg/cm, tritt beträchtlich großer Schlupf auf, wobei ein sehr hoher Grenzwert von $\mu = 0{,}75$ erreicht wird. Ein Vergleich mit der entsprechenden Versuchsgruppe

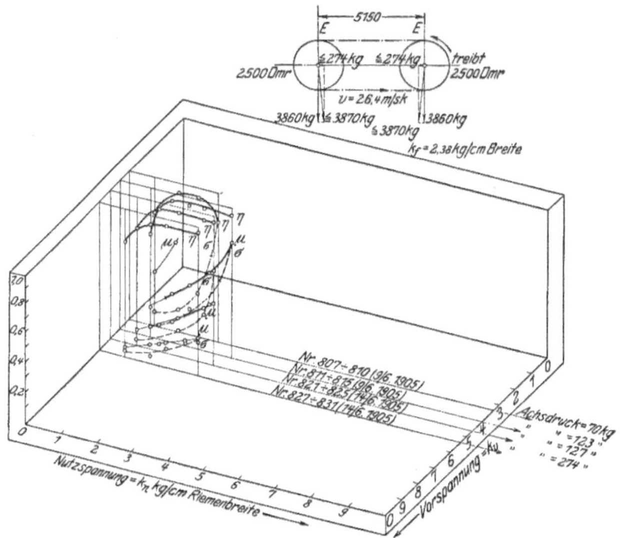

Fig. 102. V. Hauptgruppe. Einfacher Riemen, 375 mm breit.

Fig. 94, S. 66, mit Scheiben von je 1250 mm Dmr. zeigt in der Reihe mit gleicher Vorspannung, 4,6 kg/cm, genau dieselbe Wirkungsgradkurve, aber eine merkbar niedriger liegende μ-Kurve für die größeren Scheiben; bei großem Durchmesser wird also die Uebertragungsfähigkeit erst bei höherer Nutzspannung erschöpft.

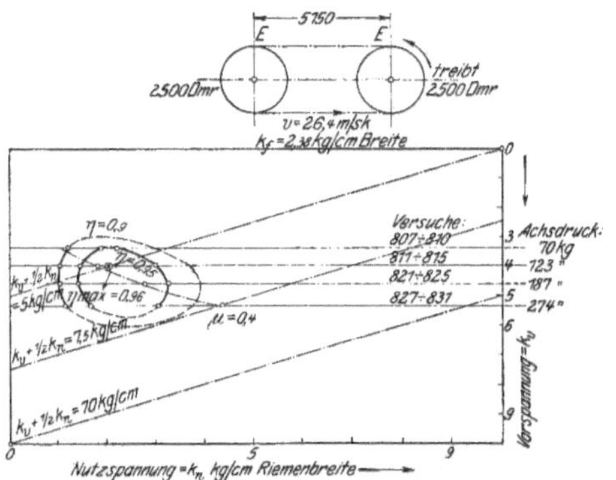

Fig. 103. V. Hauptgruppe. Einfacher Riemen, 375 mm breit.

Die Schichtenlinien für η, Fig. 103, stellen einen fast rundlichen Hügel dar mit einem Höchstwert von $\eta = 0{,}96$ bei $k_v = 4$ und $k_n = 2$, also $k_v + \frac{1}{2}\, k_n = 5$.

$$v = 26{,}4 \text{ m/sk; oberes Trum zieht, Fig. 104.}$$

Gegenüber der vorhergehenden Gruppe ist nur die Lage des ziehenden Trums geändert. Ein Vergleich der Reihen mit gleicher Vorspannung, $k_v = 4$ kg/cm, ergibt, daß sowohl die η-Kurven wie die μ- und σ-Kurven die genau gleichen sind; bei Scheiben von großem Durchmesser hat also die Lage des ziehenden Trums keinen Einfluß mehr, während bei Scheiben von kleinem

Durchmesser günstigere Ergebnisse zu verzeichnen waren, wenn das ziehende Trum unten lag.

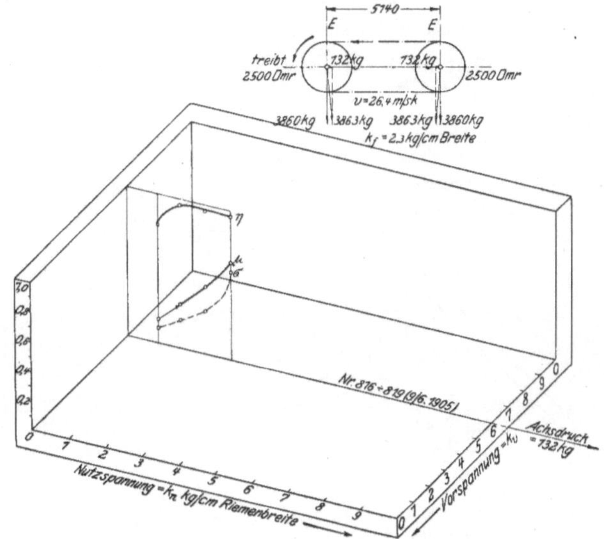

Fig. 104. V. Hauptgruppe. Einfacher Riemen, 375 mm breit.

VI. Hauptgruppe:

Doppelriemen, 400 mm breit;
Scheiben von 600 mm Dmr. bis 2500 mm Dmr.

$v = 12{,}8$ m/sk; kleine Scheibe aus Holz;
unteres Trum zieht; Uebersetzung ins Langsame, Fig. 105.

Der doppelten Riemendicke entsprechend ist die Vorspannung hier doppelt so groß gewählt, wie bei den Versuchen mit einfachen Riemen. Die μ-Kurven

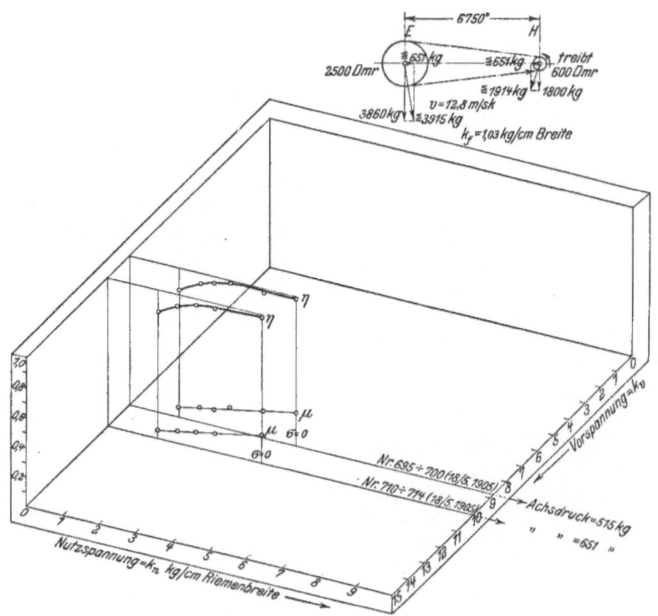

Fig. 105. IV. Hauptgruppe. Doppelriemen, 400 mm breit.

liegen daher sehr viel tiefer als bei den entsprechenden Versuchen Fig. 86, S. 62, mit einfachen Riemen. Die Wirkungsgrade liegen trotz des für Doppelriemen kleinen Scheibendurchmessers, 600 mm, bemerkenswert hoch, Höchstwert $= 0{,}98$. Der Schlupf ist dem geringen μ entsprechend verschwindend klein.

$v = 19{,}02$ m/sk; kleine Scheibe aus Holz;
oberes Trum zieht; Uebersetzung ins Schnelle, Fig. 106.

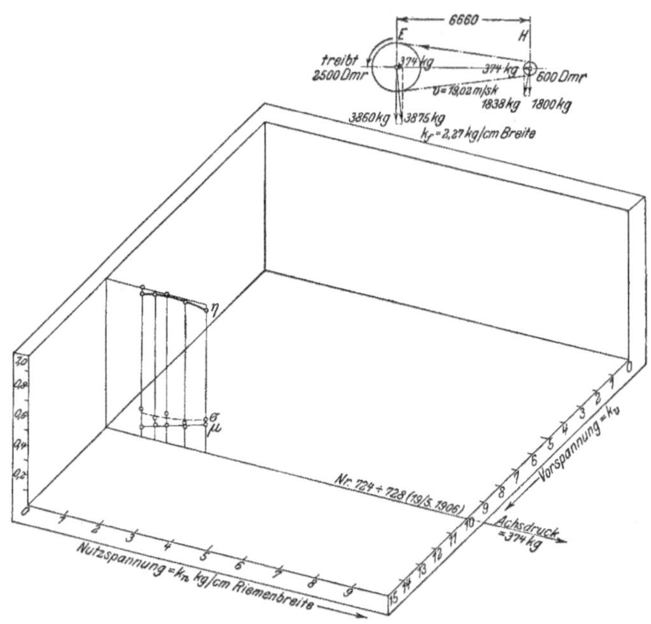

Fig 106. VI. Hauptgruppe. Doppelriemen, 400 mm breit.

Die Vorspannung ist die gleiche wie beim vorigen Versuch, 10 kg/cm. Der Höchstwert des Wirkungsgrades wird hier bei wesentlich kleinerer Nutzspannung erreicht. Der Schlupf wird hier meßbar, ist aber immer noch sehr klein, 0,2 vH.

VII. Hauptgruppe:

Doppelriemen, 490 mm breit; Scheiben von je 1250 mm Dmr.

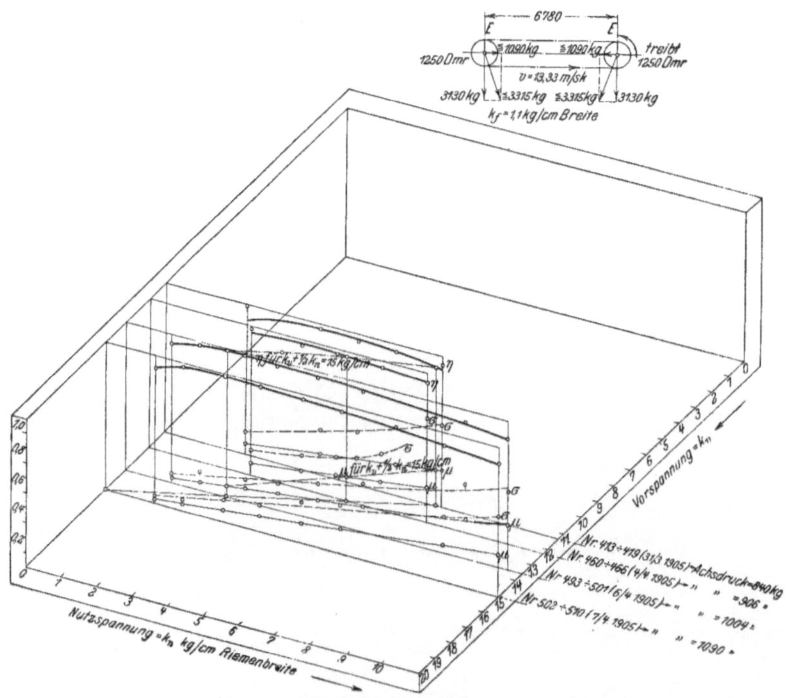

Fig. 107. VII. Hauptgruppe. Doppelriemen, 400 mm breit.

$v = 13{,}33$ m/sk; unteres Trum zieht, Fig. 107.

Die Versuchsreihen wurden bis zu einer Gesamtspannung von $k_v + \frac{1}{2} k_n = 20$ kg/cm $(= 30$ kg/qcm$)$ ausgedehnt. Bemerkenswert ist der flache Verlauf der Wirkungsgradkurven; bei $k_n = 1$ kg/cm wird nahezu in allen Reihen bereits der Wert $\eta = 0{,}95$ erreicht, und erst nach Ueberschreitung von $k_n = 7$ kg fällt η wieder langsam unter den Wert $0{,}95$. Der beträchtlichen Vorspannung von 11 bis 15 kg/cm entsprechend liegen die μ-Kurven sehr tief und flach, ebenso die σ-Kurven.

Die Schichtenlinien für η, Fig. 108, geben wieder das Bild eines langgestreckten Rückens, der von der Spur $k_v + \frac{1}{2} k_n = 15$ kg/cm (also dem doppelten

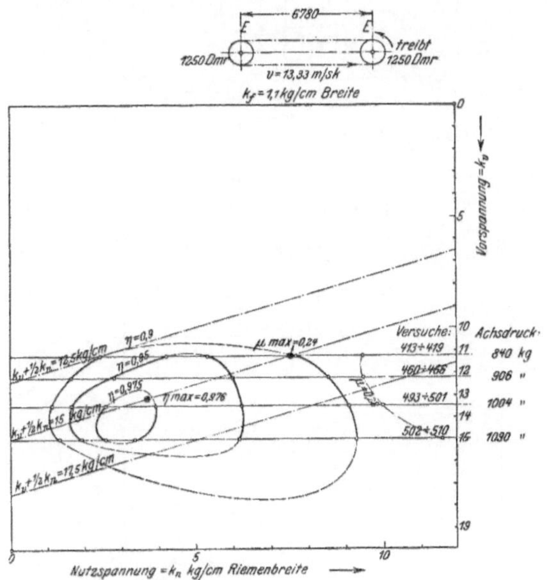

Fig. 108. VII. Hauptgruppe. Doppelriemen, 400 mm breit.

Wert wie beim einfachen Riemen) in der Mitte durchschnitten wird. Der Höchstwert von $\eta = 0{,}98$ liegt bei $k_v = 13$ und $k_n = 3{,}8$, also bei $k_v + \frac{1}{2} k_n = 15$.

$v = 33{,}08$ m/sk; unteres Trum zieht, Fig. 109.

Die Versuchsbedingungen sind dieselben wie vorher; nur die Geschwindigkeit ist $2{,}5$ mal so hoch. Die Kurven der Wirkungsgrade stimmen fast genau mit den vorhergehenden überein, sie verlaufen ebenso flach wie diese. Die μ- und σ-Kurven liegen auch hier tief und flach der hohen Vorspannung von $k_v = 11{,}2$ bis $13{,}5$ kg/cm zufolge.

Der durch die Schichtenlinien von η dargestellte Rücken, Fig. 110, wird von derselben Spur $k_v + \frac{1}{2} k_n = 15$ in seiner Längsachse durchschnitten; der Gipfel, Höchstwert von $\eta = 0{,}976$, liegt aber hier weiter nach rechts, bei $k_n = 5{,}5$ gegenüber $3{,}65$ beim vorigen Versuch.

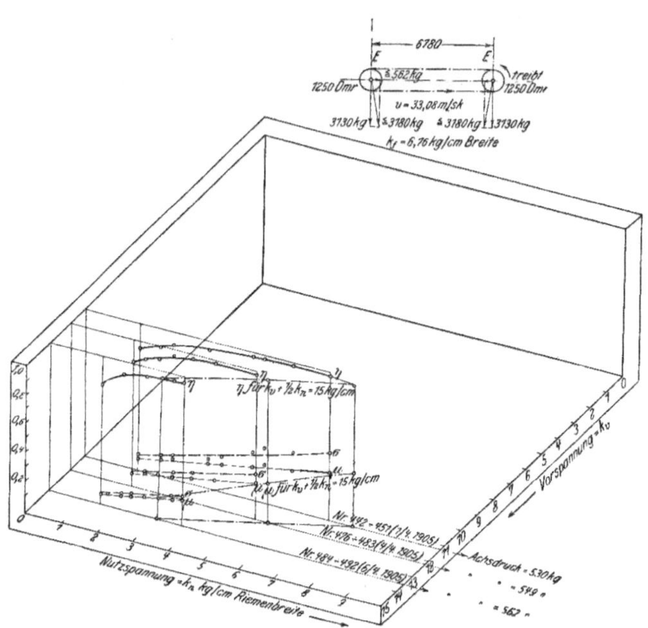

Fig. 109. VII. Hauptgruppe. Doppelriemen, 400 mm breit.

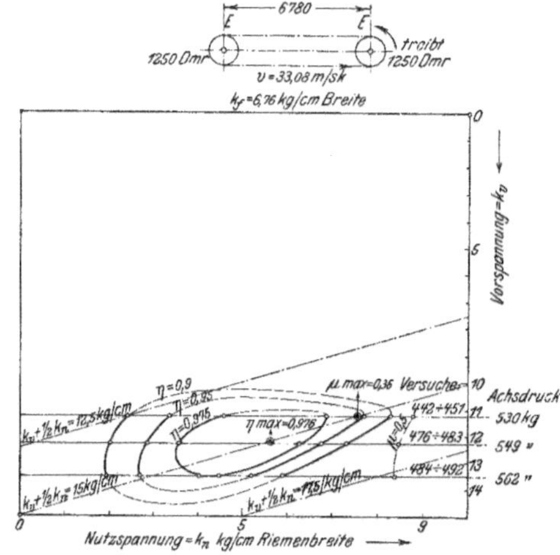

Fig. 110. VII. Hauptgruppe. Doppelriemen, 400 mm breit.

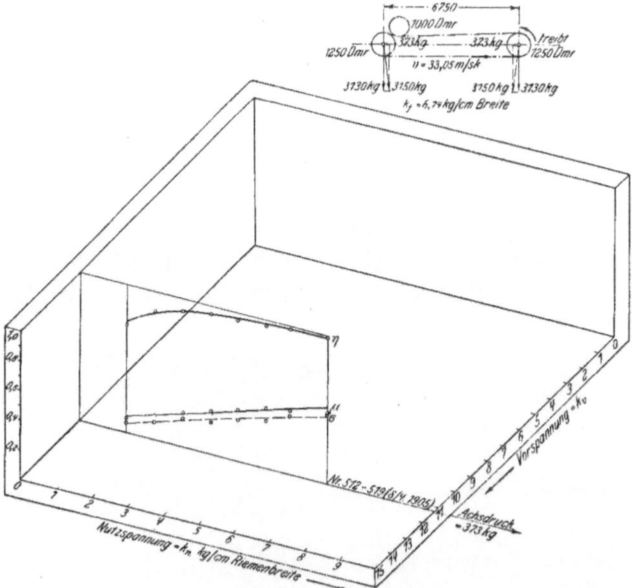

Fig. 111. VII. Hauptgruppe. Doppelriemen, 400 mm breit.

$v = 33{,}05$ m/sk; mit Spannrolle; unteres Trum zieht, Fig. 111.

Dieselben Versuchsbedingungen wie vorher; gleiche Geschwindigkeit und Vorspannung; nur ist eine Spannrolle hinzugekommen. Die η- und σ-Kurven stimmen genau überein, die μ-Kurve liegt beträchtlich höher.

VIII. Hauptgruppe:

Doppelriemen, 400 mm breit;
Scheiben von je 2500 mm Dmr.

$v = 25{,}9$ m/sk; oberes Trum zieht, Fig. 112.

Die Wirkungsgradkurve stimmt überein mit der des entsprechenden Versuches Fig. 104, S. 71, mit einfachem Riemen; die μ-Kurve liegt etwas tiefer, der doppelt so großen Vorspannung entsprechend.

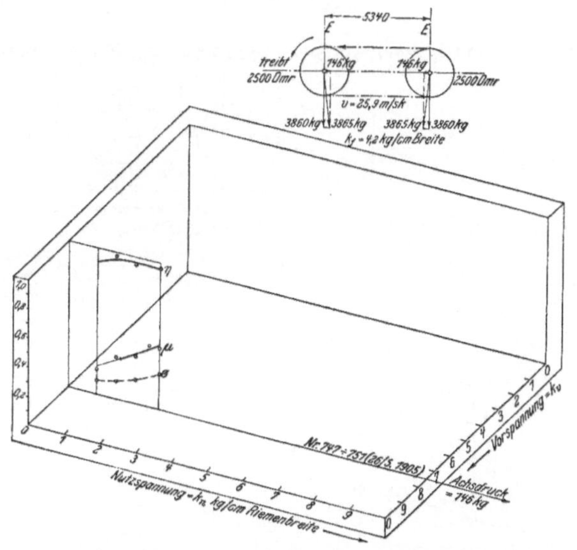

Fig. 112.   VIII. Hauptgruppe.   Doppelriemen, 400 mm breit.

$v = 26{,}14$ m/sk; unteres Trum zieht, Fig. 113.

Die η-Werte sind in der Reihe mit gleicher Vorspannung $7{,}5$ denen des vorigen Versuches gleich, der nur eine andere Lage des ziehenden Trums zeigt.

$v = 39{,}0$ m/sk; unteres Trum zieht, Fig. 114.

Gegenüber der entsprechenden Gruppe Fig. 113 mit $v = 26{,}14$ m/sk gibt sich der Einfluß der höheren Fliehspannung dadurch zu erkennen, daß die Höchstwerte von η früher, d. h. bei kleinerer Nutzspannung, erreicht werden.

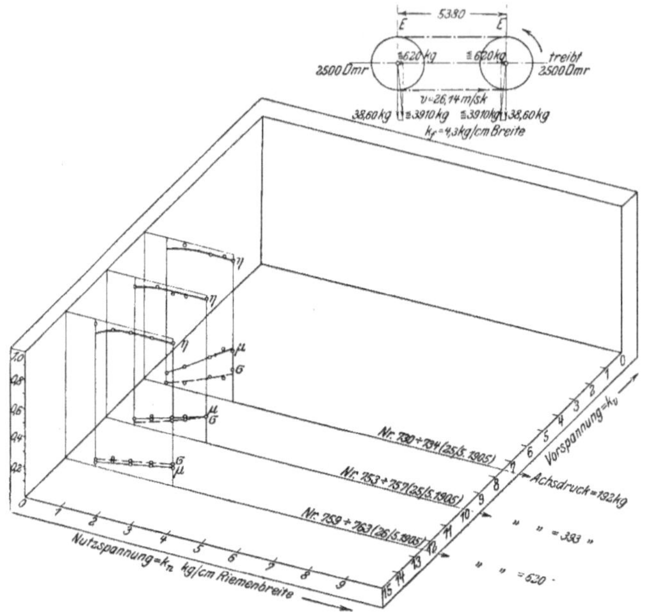

Fig. 113. VIII. Hauptgruppe. Doppelriemen, 400 mm breit.

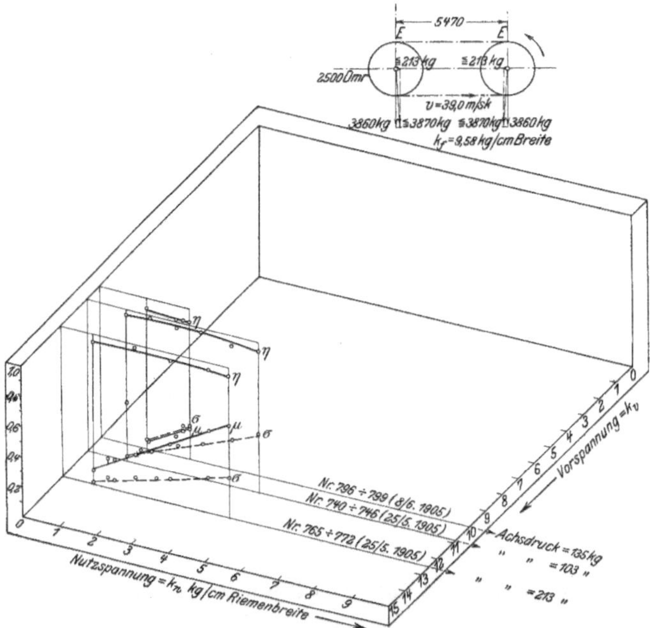

Fig. 114. VIII. Hauptgruppe. Doppelriemen, 400 mm breit.

IX. Hauptgruppe:

Einfacher Riemen mit hoher Geschwindigkeit laufend.
Scheiben von je 2500 mm Dmr.

Da bei diesen Versuchen Geschwindigkeiten von 50 bis 60 m/sk verwendet wurden, so wurde die Fliehspannung so groß, 9 bis 12 kg/cm, daß die Gesamtspannung den bisher festgehaltenen Wert von 30 kg/qcm überstieg und bis auf

50 kg/qcm anwuchs. Diese Versuche wurden daher erst ausgeführt, als alle übrigen erledigt waren. Die Versuche ergaben völlig ruhigen Lauf, ohne irgend welche störende Erscheinungen. Die angebrachten Riemenführungen hatten lediglich den Zweck, das Abrutschen des Riemens bei zu kleiner Vorspannung zu verhüten. Eine bleibende Dehnung machte sich bei Versuchen bis zu 30 Minuten Dauer nicht bemerkbar.

$$v = 52{,}47 \text{ m/sk; unteres Trum zieht, Fig. 115.}$$

Die Vorspannung ist bis auf 14 kg/cm, die Gesamtspannung bis auf 16 kg/cm ($= 59$ kg/qcm) gesteigert.

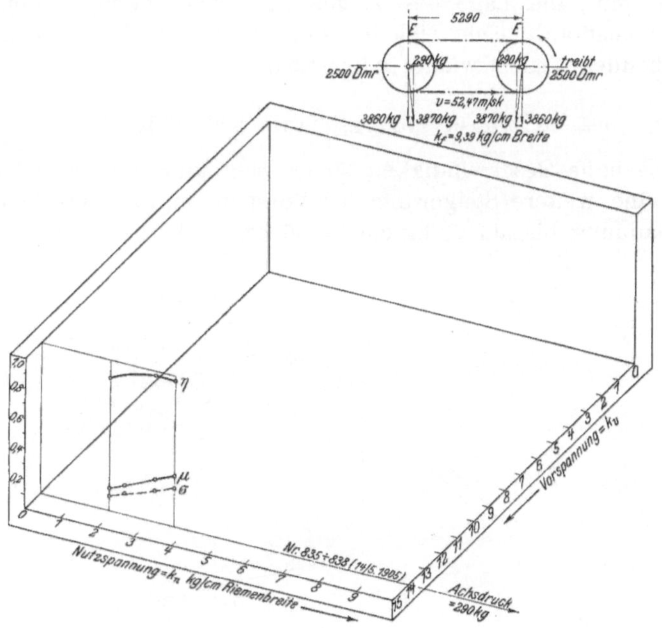

Fig. 115. IX. Hauptgruppe. Einfacher Riemen, 375 mm breit.

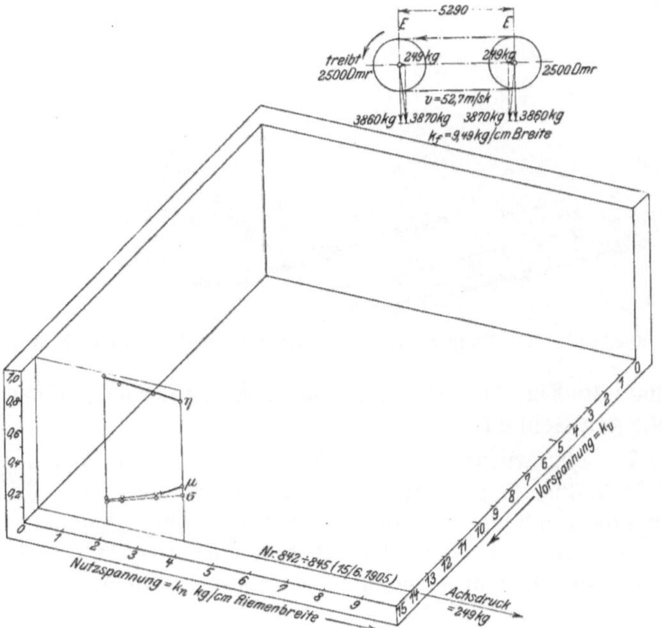

Fig. 116. IX. Hauptgruppe. Einfacher Riemen, 375 mm breit.

Das Schaubild zeigt keinerlei auffallende Erscheinungen, der Wirkungsgrad liegt hoch: Höchstwert 0,96; der Schlupf ist sehr klein: Höchstwert 0,25 vH. Die Lagerreibung ist klein, weil die große Vorspannung durch die Fliehspannung ersetzt, das Lager also entlastet wird.

$$v = 52,7 \text{ m/sk; oberes Trum zieht, Fig. 116.}$$

Hier fällt der Wirkungsgrad mit zunehmender Nutzspannung merklich ab, während die μ- und σ-Werte denen des vorigen Versuches gleichkommen. Während bei mäßigen Geschwindigkeiten, $v = 26,4$ m/sk, und großen Scheiben von 2500 mm Dmr., die Lage des ziehenden Trums keinen Einfluß auf den Wirkungsgrad ausübte, macht sich bei doppelt so hoher Geschwindigkeit die Lage des ziehenden Trums wieder bemerkbar.

$$v = 60,35 \text{ m/sk; unteres Trum zieht, Fig. 117.}$$

Um diese hohe Geschwindigkeit zu erzielen und um das Gleiten zu vermeiden, war eine weitere Steigerung der Vorspannung bis auf 18,5 kg/cm und der Gesamtspannung bis auf 20 kg/cm (= 60 kg/qcm) erforderlich.

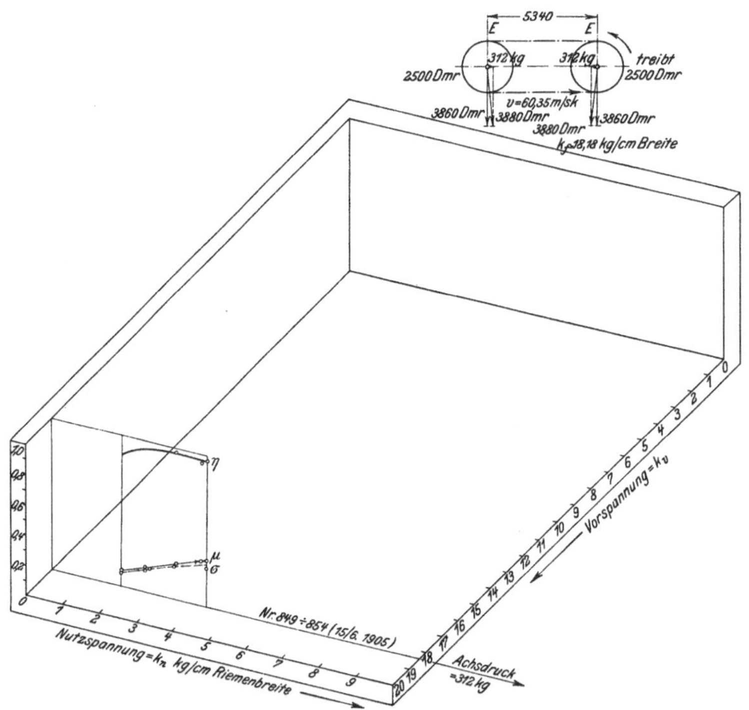

Fig. 117. IX. Hauptgruppe. Einfacher Riemen, 375 mm breit.

Das Schaubild Fig. 117 zeigt normalen Linienverlauf, hohen Wirkungsgrad und niedrigen Schlupf.

Derselbe Versuch wurde mit einer Dauer von $8\frac{1}{4}$ Stunden ausgeführt, um die bleibende Dehnung zu prüfen; man erkennt aus der Darstellung Fig. 118 daß die bleibende Dehnung mit fortschreitender Dauer gleichmäßig zunimmt, daß also ein Beharrungszustand nicht eintritt. Daraus ist zu schließen, daß der vorliegende Riemen nicht so hoch belastet werden darf.

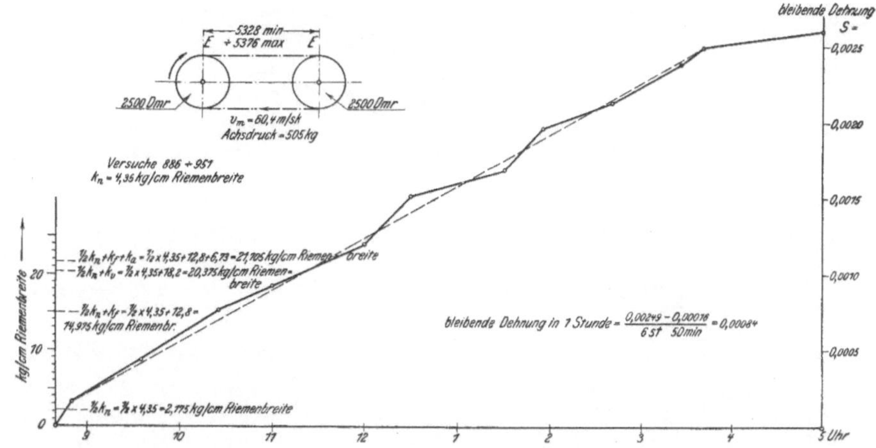

Fig. 118. Dauerversuch, Dauer 8¹/₄ Stunden. Einfacher Riemen, 375 mm breit.

X. Hauptgruppe:

Doppelriemen mit hoher Geschwindigkeit.
Scheiben von je 2500 mm Dmr.

$v = 51{,}0$ m/sk; unteres Trum zieht, Fig. 119.

Bei einer Vorspannung von 17,5 kg/cm wurde sehr bald ein Grenzwert von μ erreicht, der aus dem Abfallen des Wirkungsgrades erkennbar ist, wäh-

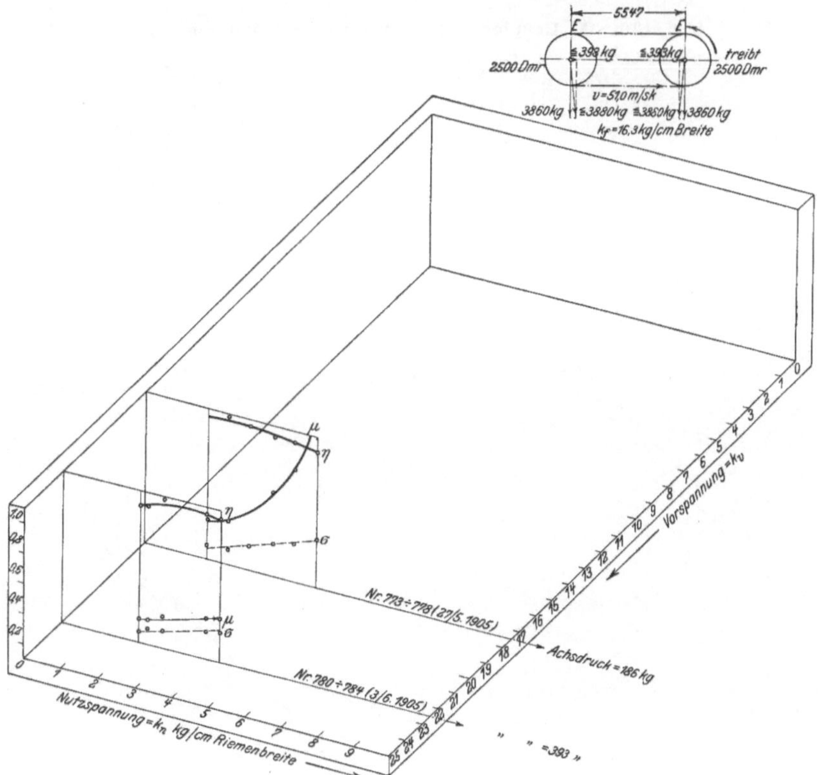

Fig. 119. X. Hauptgruppe. Doppelriemen, 400 mm breit.

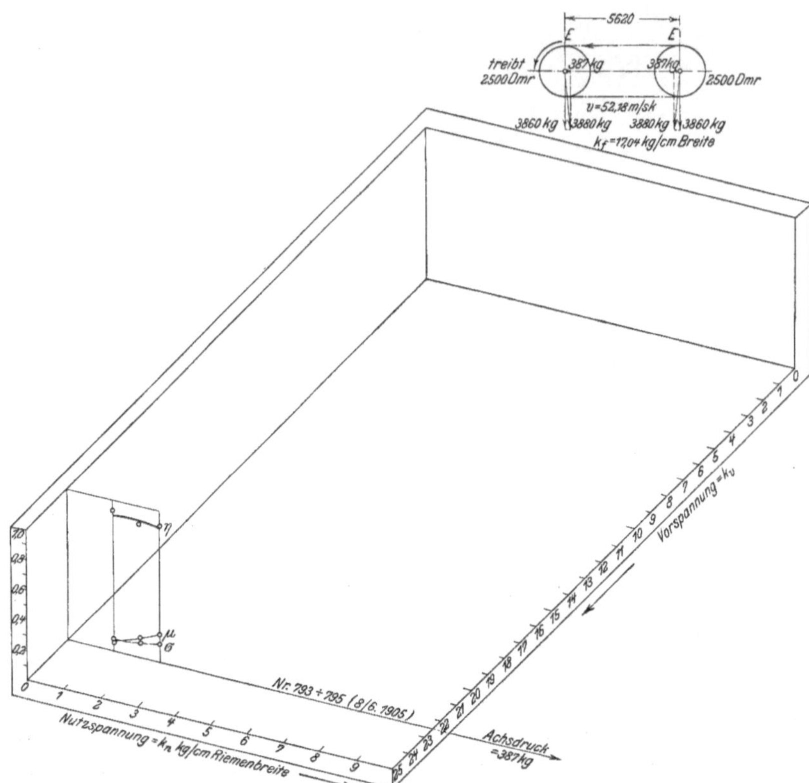

Fig. 120. X. Hauptgruppe. Doppelriemen, 400 mm breit.

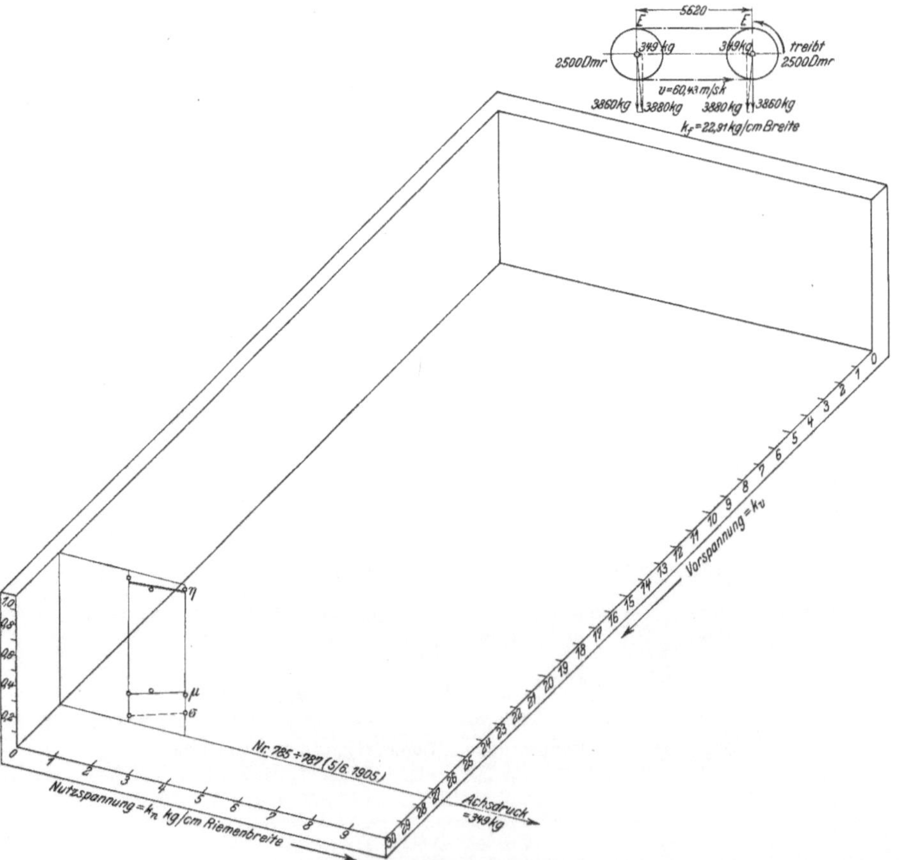

Fig. 121. X. Hauptgruppe. Doppelriemen, 400 mm breit.

rend sich bei höherer Vorspannung $= 22{,}5$ kg/cm ein normaler Verlauf der Kurven ergab.

$$v = 52{,}18 \text{ m/sk; oberes Trum zieht, Fig. 120.}$$

Auch hier zeigt sich ebenso wie bei dem einfachen Riemen, daß das oben liegende ziehende Trum einen ungünstigeren Wirkungsgrad ergibt als das unten liegende. An den μ- und σ-Werten hat sich dagegen nichts gegen den vorigen Versuch geändert.

$$v = 60{,}43 \text{ m/sk; unteres Trum zieht, Fig. 121.}$$

Zur Erzielung dieser hohen Geschwindigkeit war wegen der großen Fliehspannung, 23 kg/cm, eine Vorspannung von 27 kg/cm und eine Gesamtspannung von 29 kg/cm ($= 40$ kg/qcm) erforderlich. Der Wirkungsgrad ist noch ziemlich günstig, $0{,}94$, und der Schlupf sehr klein, $0{,}14$ vH. Die Geschwindigkeitsteigerung wird also lediglich durch die bleibende Dehnung des Riemens begrenzt; aus dem Verlauf der μ- und σ-Kurve ist die Grenze der zulässigen Geschwindigkeit nicht erkennbar, man kann diese Grenze vielmehr nur durch Dauerversuche ermitteln.

XI. Hauptgruppe:

Einfacher Riemen 150 mm breit.
Scheiben von 1250 mm Dmr. und 2500 mm Dmr.

$v = 26{,}18$ m/sk; umspannter Bogen $= 166^0$;
unteres Trum zieht; Uebersetzung ins Langsame, Fig. 122.

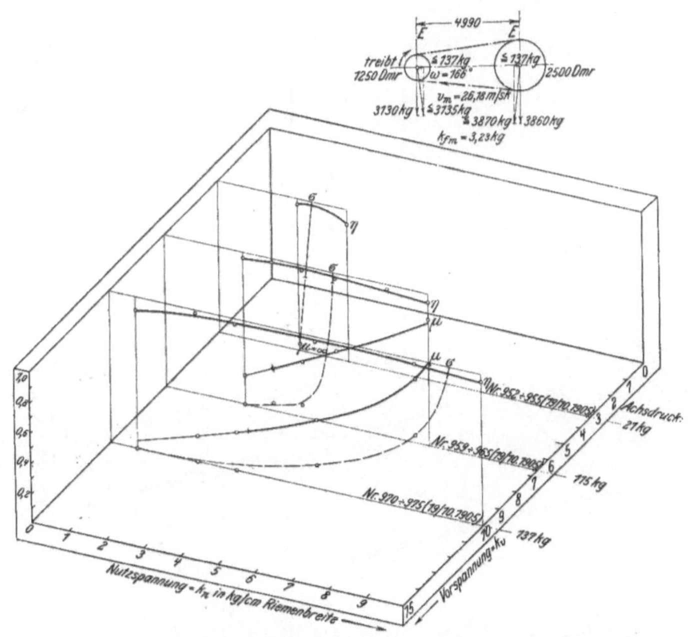

Fig. 122. XI. Hauptgruppe. Einfacher Riemen, 150 mm breit.

Die Kurven der Wirkungsgrade liegen sehr hoch und sehr flach; ein Abfallen tritt nur bei sehr kleiner Vorspannung auf, wobei Gleitschlupf beobachtet wurde. Die Reibungswerte μ erreichen Grenzwerte, die über $0{,}5$ hinausreichen.

Die Schichtenlinien für η, Fig. 123, bilden einen sehr flachen Hügel mit dem Höchstwert von $0{,}98$ bei etwa $k_n = 6$ und $k_v = 10$.

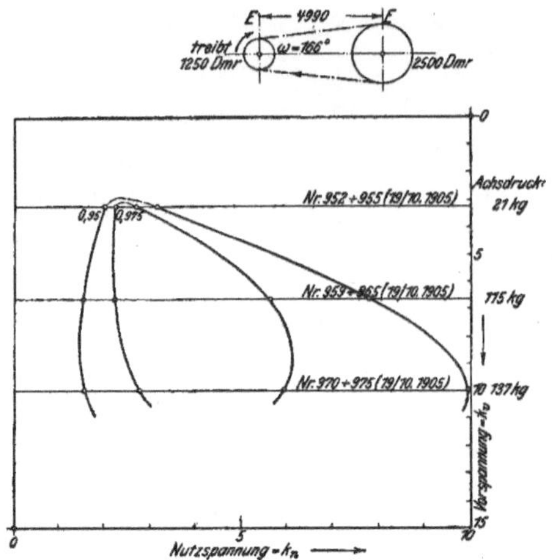

Fig. 123. XI. Hauptgruppe. Einfacher Riemen, 150 mm breit.

$$v = 39{,}5 \text{ m/sk}; \quad \text{umspannter Bogen} = 166^{\circ};$$

unteres Trum zieht; Uebersetzung ins Langsame, Fig. 124.

Auch hier liegen die η-Linien sehr hoch und flach; μ erreicht einen Grenzwert von 1,0.

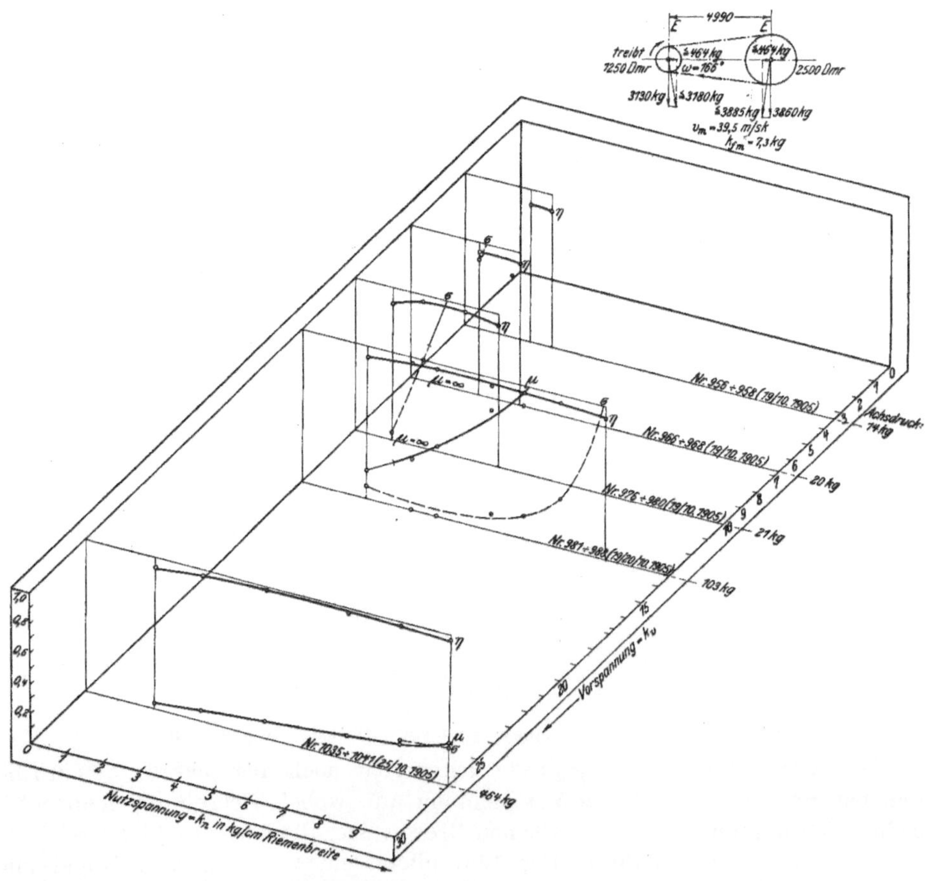

Fig. 124. XI. Hauptgruppe. Einfacher Riemen, 150 mm breit.

Die Schichtlinien, Fig. 125, zeigen ·denselben Verlauf wie vorher.

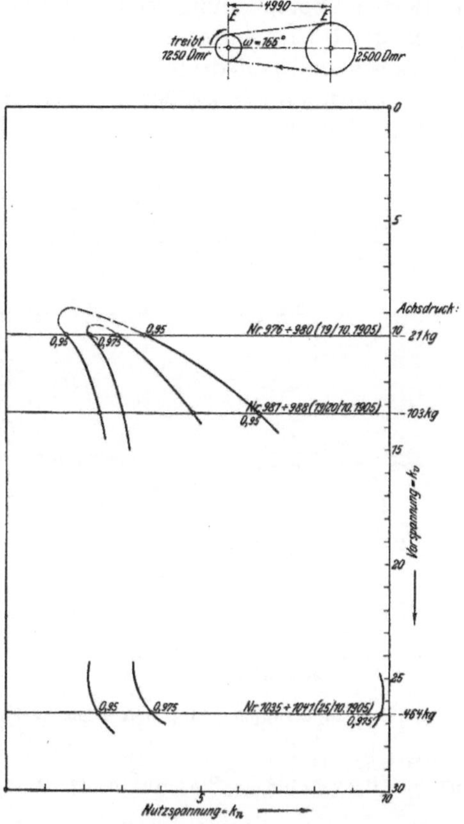

Fig. 125. XI. Hauptgruppe. Einfacher Riemen, 150 mm breit.

$v = 26$; mit **Spannrolle**; Bogen 193°;
unteres Trum zieht; Uebersetzung ins **Langsame**, Fig. 126.

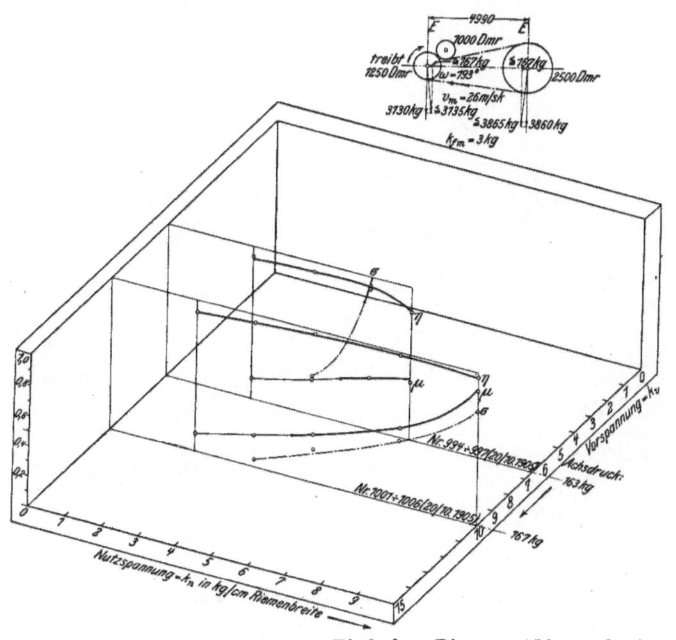

Fig. 126. XI. Hauptgruppe. Einfacher Riemen, 150 mm breit.

6*

Der Vergleich mit der entsprechenden Gruppe ohne Spannrolle, Fig. 122, S. 81, ergibt, daß bei der gleichen Vorspannung von 10 kg cm und bei einer Nutzspannung von 6 kg/cm die Höchstwerte der Wirkungsgrade gleich sind und daß bei kleinerer Nutzspannung η niedriger ist bei dem Trieb mit Spannrolle, während bei höherer Nutzspannung η größer bei Anwendung einer Spannrolle wird. Die μ-Kurve liegt bei der Spannrolle für gleiches k_v und k_n natürlich tiefer, weil ω größer ist.

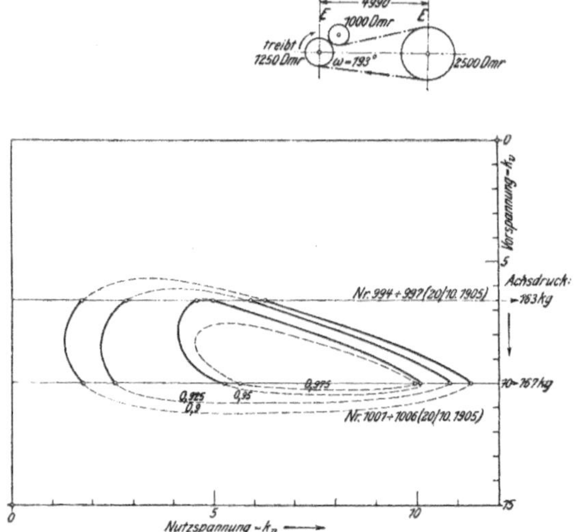

Fig. 127. XI. Hauptgruppe. Einfacher Riemen, 150 mm breit.

Die Schichtenlinien für η, Fig. 127, bilden einen langgestreckten Rücken mit dem Höchstwert $\eta = 0{,}98$ bei $k_n = 8{,}5$ und $k_v = 10$.

$$v = 39{,}45 \text{ m/sk; mit Spannrolle, Bogen } 193^0;$$
unteres Trum zieht; Uebersetzung ins Langsame, Fig. 128.

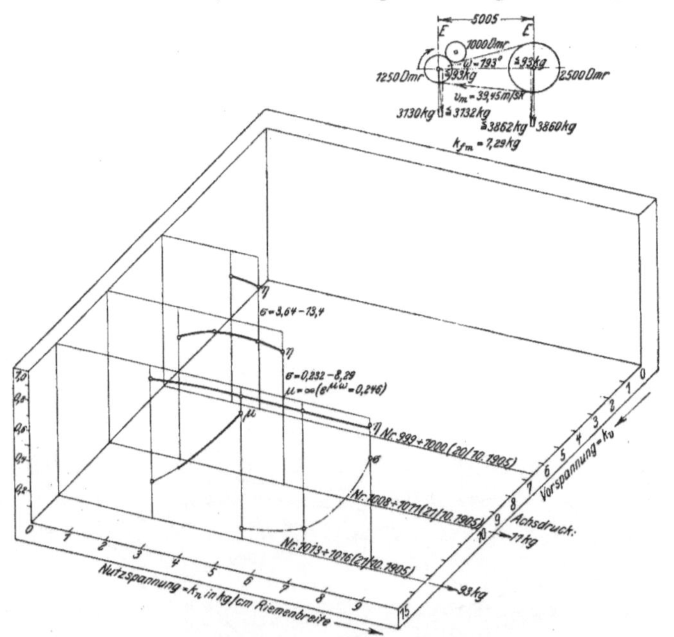

Fig. 128. XI. Hauptgruppe. Einfacher Riemen, 150 mm breit.

Hier ergibt der Vergleich mit der entsprechenden Gruppe ohne Spannrolle, Fig. 124, S. 82, daß die Wirkungsgrade bei der Spannrolle wesentlich tiefer liegen, so lange k_n klein ist; bei größerem k_n steigt der Wirkungsgrad der Spannrolle.

$$v = 26{,}56 \text{ m/sk; mit Spannrolle, Bogen} = 212^0;$$
unteres Trum zieht; Uebersetzung ins Langsame, Fig. 129.

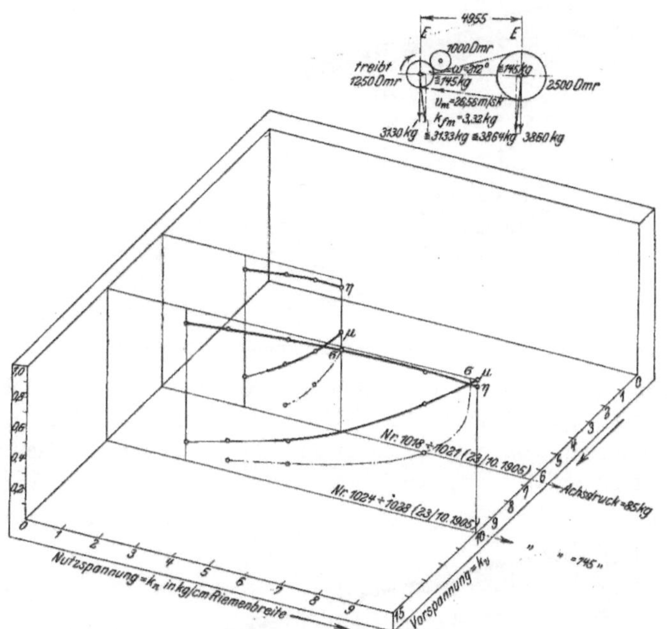

Fig. 129. XI. Hauptgruppe. Einfacher Riemen, 150 mm breit.

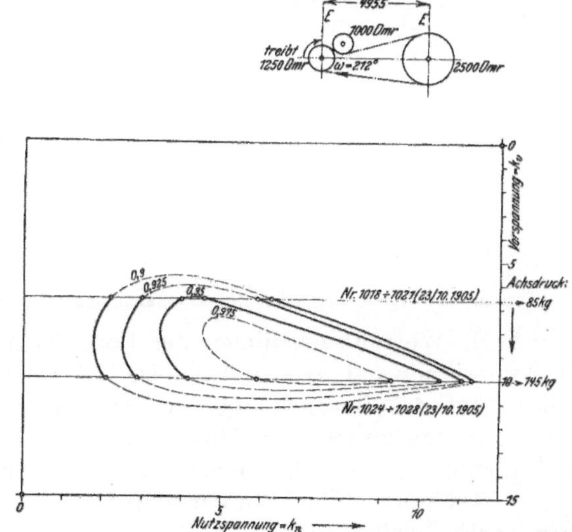

Fig. 130. XI. Hauptgruppe. Einfacher Riemen, 150 mm breit.

Verglichen mit der entsprechenden Gruppe mit einem umspannten Bogen von 193°, Fig. 126, S. 83, zeigt die Gruppe mit größerem umspannten Bogen fast genau ebenso hohe Wirkungsgrade.

Noch deutlicher gibt sich diese Uebereinstimmung aus dem Vergleich der Schichtenlinien, Fig. 130, zu erkennen, die in der vorliegenden Figur fast genau denselben Verlauf zeigen wie in Fig. 127, S. 84.

15) Höchstwerte der Riemenwirkungsgrade.

Der Verlauf des Wirkungsgrades in seiner Abhängigkeit von der Nutzspannung war in allen Schaubildern typisch derselbe: rascher Anstieg zu einem flachen Gipfel und dann langsames Abfallen mit zunehmender Nutzspannung. Um einen übersichtlichen Einblick zu gewinnen, wurden in Fig. 131 die Wir-

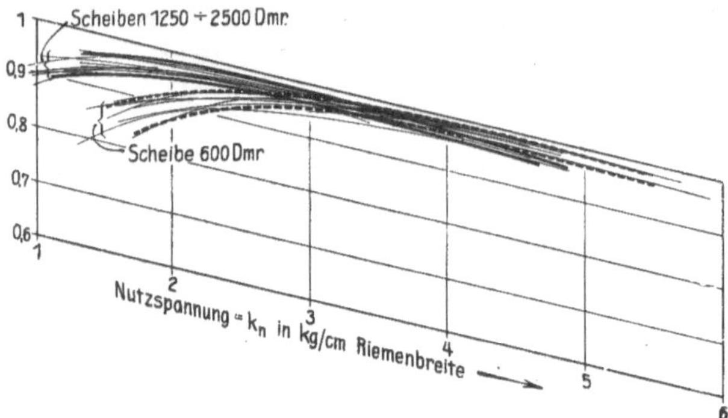

Fig. 131. Grenzen des Wirkungsgrades einfacher Riemen.

kungsgradlinien aller Gruppen des einfachen Riemens übereinander gezeichnet und die so entstandenen Büschel durch Grenzlinien umhüllt. Man unterscheidet deutlich zwei Büschel, von denen das untere die Versuche mit der Holzscheibe von 600 mm Dmr. umfaßt.

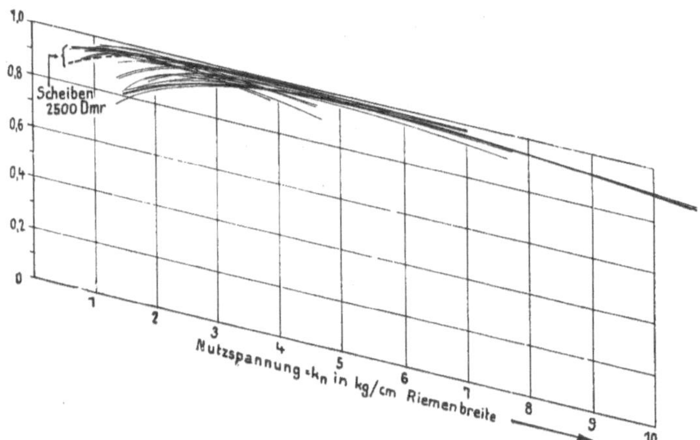

Fig. 132. Grenzen des Wirkungsgrades der Doppelriemen, 400 mm breit.

In Fig. 132 sind die Wirkungsgradlinien der Doppelriemen übereinander gezeichnet. Die Wirkungsgrade der großen Scheiben von 2500 mm Dmr. bilden ein wesentlich höher liegendes Büschel, das in der Figur durch eine ausgezogene Linie oben und eine gestrichelte Linie unten begrenzt ist.

Die oberen Umhüllungslinien des einfachen und doppelten Riemens decken sich; die untere Umhüllungslinie muß willkürlicher gezogen werden als die obere, ist daher weniger maßgebend.

Die Betrachtung der Schichtenlinien der Wirkungsgradflächen hatte ergeben, daß diese Flächen langgestreckte Berghügel bilden, deren Längsachsen in die Flucht einer Linie $k_v + \frac{1}{2} k_n$ fallen. Diese Längsachse rückt umso mehr nach der Ecke rechts unten, je größer die Geschwindigkeit ist, je größer also die Fliehspannung k_f ist. Es liegt daher nahe, die Höchstwerte der Wirkungsgrade als Ordinaten zu der Auflaufspannung des ziehenden Trums $k_v + {}^1/_2\,k_n - k_f$ darzustellen, wie es in Fig. 133 für den Doppelriemen durchgeführt ist. Die vermittelnde Linie zeigt einen sehr flachen Verlauf, beginnend mit $\eta = 0{,}95$

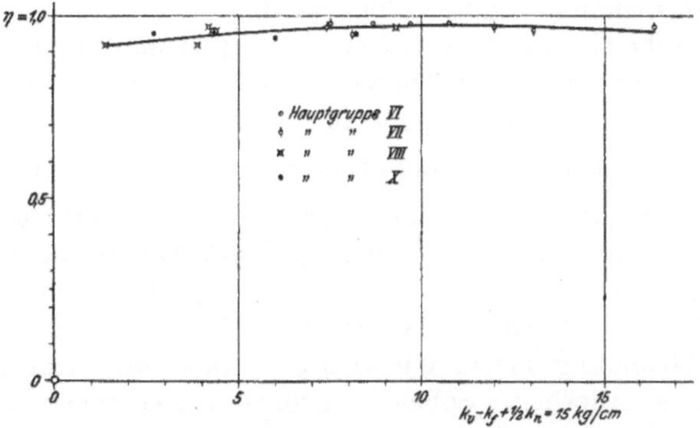

Fig. 133. Höchstwerte des Wirkungsgrades der Doppelriemen, 400 mm breit.

bei $k_v + {}^1/_2\,k_n - k_f = 5$, steigend bis zu $\eta = 0{,}93$ bei $k_v + {}^1/_2\,k_n - k_f = 10$ und wieder fallend bis zu $\eta = 0{,}96$ bei $k_v + {}^1/_2\,k_n - k_f = 15$. Es scheint demnach die Auflaufspannung in erster Linie maßgebend für die Höhe des Wirkungsgrades zu sein.

16) Höchstwerte der Riemenreibung.

Die Grenzwerte von μ sind in den vorausgegangenen Schaubildern überall dort zu finden, wo die Schlupfkurve plötzlich nach oben umschwenkt. In Fig. 134 sind mehrere solcher Grenzwerte von μ als Ordinaten zu den zugehörigen Riemengeschwindigkeiten als Abszissen dargestellt. Augenscheinlich

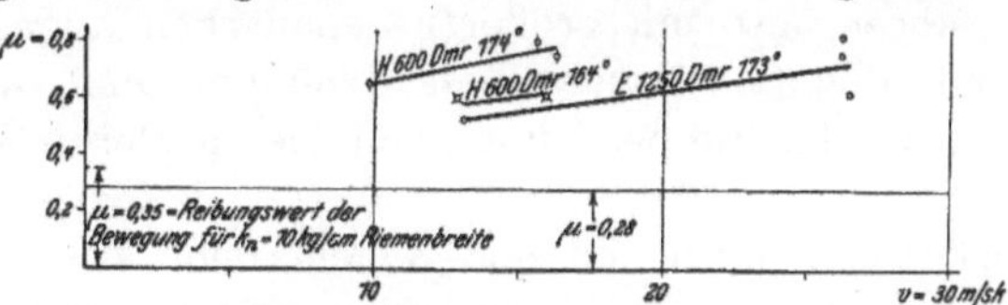

Fig. 134. Höchstwerte von μ. Einfacher Riemen 375 mm breit auf Scheiben von 600 mm Dmr. H und 1250 mm Dmr. E.

steigt der erreichbare Höchstwert im gleichen Verhältnis mit der Geschwindigkeit. Die Grenzwerte liegen zwischen $\mu = 0{,}5$ und $\mu = 0{,}8$, also weit über dem Wert $\mu = 0{,}28$, der bei der üblichen Riemenberechnung zugrunde gelegt wird. Wenn das Schaubild auch nur wenige Punkte enthält, so kann man doch daraus entnehmen, daß bei Holzscheiben von 600 mm Dmr. die gleichen μ-Werte $0{,}6$ bis $0{,}8$ schon bei 10 bis 15 m/sk Geschwindigkeit erreicht werden, die bei Eisenscheiben von 1250 mm Dmr. erst bei 20 bis 25 m/sk erzielt werden. Auch ist deutlich erkennbar, daß bei einem umspannten Bogen von 174° beträchtlich höhere Werte zu beobachten sind als bei einem umspannten Bogen von 164°. Zum Vergleich ist in die Figur der durch unmittelbaren Reibungsversuch ermittelte Reibungswert $\mu = 0{,}35$ eingetragen.

Die hohen Grenzwerte von μ, die weit über dem unmittelbar gemessenen Wert von $\mu = $ etwa $0{,}35$ liegen, lassen mit Sicherheit darauf schließen, daß der Riemen nicht nur durch seine Eigenspannung an die Scheibe angepreßt wird, sondern daß gleichzeitig infolge des Dehnungswechsels, also infolge des Längens und Einkriechens auf der Scheibe ein so dichtes Anschmiegen entsteht, daß

Adhäsionserscheinungen eintreten. Mit dieser alten amerikanischen Anschauung steht die Beobachtung im Einklang, daß der Reibungswert mit steigender Geschwindigkeit, mit zunehmendem Scheibendurchmesser und mit wachsendem umspannten Bogen größer wird.

Für eine Scheibe von 600 mm Dmr, für einen umspannten Bogen von 180°, für ein $\mu = 0{,}8$ und für einen Anpressungsdruck von nur 0,25 kg/qcm würde sich folgende zusätzliche Spannung k für 1 cm Riemenbreite ergeben:

$$k = 60 \text{ cm} \cdot 1 \text{ cm} \cdot 0{,}25 \text{ at} \cdot 0{,}8 = 4{,}5 \text{ kg/cm}.$$

Für eine Scheibe von 1250 mm Dmr würde sich unter sonst gleichen Umständen bereits eine zusätzliche Spannung $k = 9$ kg/cm Riemenbreite ergeben.

Es ist daher wohl verständlich, daß schon eine sehr geringe Adhäsion eine beträchtliche Erhöhung des scheinbaren Wertes von μ herbeiführen kann.

Diese Beobachtung macht eine Umgestaltung der dem Bericht vorausgestellten Fig. 1, erforderlich. Sobald μ größer angenommen werden darf, wird auch der Faktor $\dfrac{e^{\mu\omega} - 1}{e^{\mu\omega}}$ entsprechend größer, d. h. die Nutzspannung k_n ist nicht mehr als die Hälfte der Spannung $k_T - k_f$ anzunehmen, sondern wird beträchtlich größer, die Linie für k_n ist daher in Fig. 1 weiter hinaufzurücken.

17) Einfluß der Riemengeschwindigkeit.

Zur Gewinnung eines Vergleiches auf völlig gleicher Grundlage wurden aus den Versuchen mit dem Doppelriemen und mit Scheiben von je 1250 mm Dmr. alle die Einzelversuche zusammengestellt, die mit gleicher Vorspannung durchgeführt worden waren. Die Doppelriemenversuche wurden gewählt, weil sie später zur Ausführung gelangt waren, als die mit einfachen Riemen und weil sie infolgedessen mit bereits vorliegenden Versuchserfahrungen und mit verfeinerten Meßverfahren, also mit größerer Genauigkeit angestellt worden waren. Die Gruppe mit den Scheiben von je 1250 mm Dmr. wurde genommen, weil sie einmal sehr reichhaltig war und weil sie mittleren Verhältnissen entspricht.

Diese Doppelriemenversuche mit der gemeinsamen Vorspannung $k_v = 11{,}25$ kg/cm wurden in Fig. 135 und 136 so zusammengestellt, daß als Abszissen die Nutzspannungen $k_n = 1$ bis 8 kg/cm aufgetragen wurden. Die kleinen Kreise entsprechen den Meßwerten, die verbindenden Linien sind wie immer so durchgelegt, daß sie die wahrscheinlichsten Werte enthalten. Fig. 135 zeigt als oberste Linie die Spannung $k_v + {}^1\!/_2 k_n$ im ziehenden Trum; da die Vorspannung durchweg dieselbe ist, so steigt die Spannung im ziehenden Trum naturgemäß in gleichem Verhältnis mit der Nutzspannung. Die dicht unterhalb gezogene dünn gestrichelte Linie stellt für eine Riemengeschwindigkeit von 13 m/sk die Spannung dar, die zwischen dem ziehenden Trum und der Scheibe tatsächlich auftritt. Die unter dieser Linie gezogene dünn gestrichelte Linie gibt die aus Vorspannung und Fliehspannung berechnete Auflaufspannung des ziehenden Trums auf die treibende Scheibe an, die bei vollkommen elastischem Riemen $= k_v + {}^1\!/_2 k_n - k_f$ sein müßte; tatsächlich gibt die Achsdruckmessung, wie unter 10) bereits erwähnt, eine etwas größere Spannung $= k_a + {}^1\!/_2 k_n$ an, vermutlich weil der Dehnungswechsel dem Spannungswechsel nicht rasch genug folgen kann, weil also der Riemen bei raschem Lauf nicht als ein vollkommen elastischer, sondern nur als ein teilweise elastischer Körper betrachtet werden kann. Die zwischen dem gemessenen Wert $k_a + {}^1\!/_2 k_n$ und dem berechneten Wert $k_v - k_f + {}^1\!/_2 k_n$ verbleibende Restspannung $k_r = k_a - (k_v - k_f)$ ist durch Schraffur hervorgehoben. Da k_v und k_r für eine und dieselbe Geschwindigkeit unveränderlich sind, so steigt die Auflaufspannung der treibenden Scheibe natürlich in gleichem Verhältnis mit der Nutzspannung k_n. In gleicher Weise sind die gemessenen und die berechneten Spannungen zwischen dem gezogenen Trum und der getriebenen Scheibe durch zwei dünn gestrichelte Linien dargestellt,

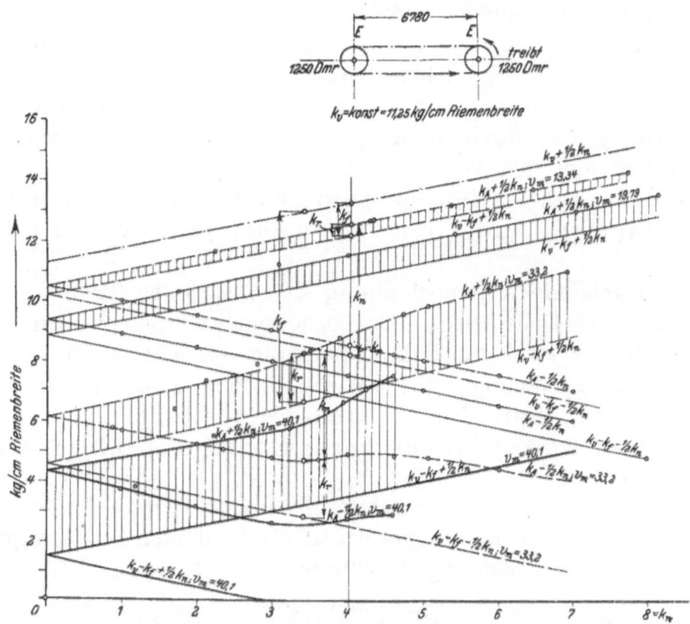

Fig. 135. Auflaufspannungen, Doppelriemen, 400 mm breit.

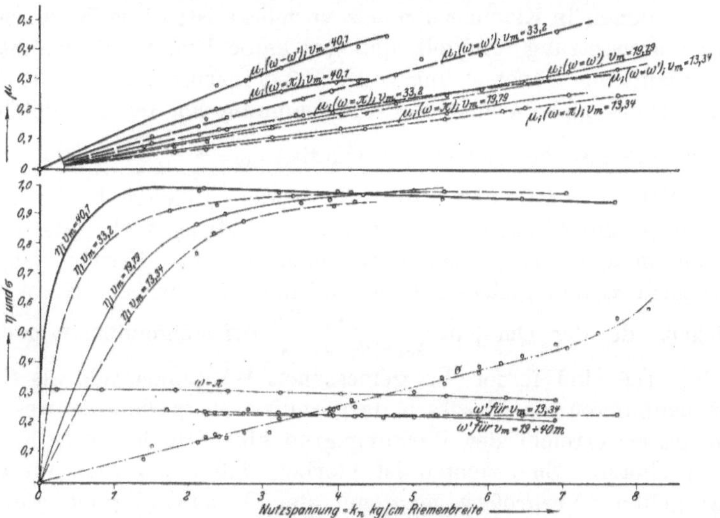

Fig. 136. Einfluß der Riemengeschwindigkeit $k_v = 11{,}25$.

die dem gemessenen Wert $k_a - {}^1/_2\,k_n$ beziehungsweise dem berechneten Wert $k_v - k_f - {}^1/_2\,k_n$ entsprechen. Für die Nutzspannung null, d. h. für den Leerlauf, ist diese Auflaufspannung der getriebenen Scheibe natürlich gleich der Auflaufspannung der treibenden Scheibe. Die beiden Auflaufspannungen entfernen sich umso weiter von einander, je größer k_n wird; die zwischen ihnen liegenden Ordinatenstücke stellen unmittelbar die Nutzspannung k_n dar.

In der gleichen Weise sind für die Riemengeschwindigkeit von 19,8 m/sk die Auflaufspannungen durch dünn gezogene Linien dargestellt. Die Restspannung k_r ist hier bereits doppelt so groß wie bei 13 m/sk.

Die dick gestrichelten Linien geben die Auflaufspannungen für 33 m/sk Riemengeschwindigkeit; diese Linien sind nur deshalb nicht gerade Linien, weil bei den Versuchen einmal versäumt wurde, eine sich einstellende geringe bleibende Dehnung rechtzeitig durch Nachspannen zu beseitigen. Die Restspannung $k_r = k_a - (k_v - k_f)$ ist hier bereits sehr groß.

Schließlich sind in gleicher Weise die Auflaufspannungen für 40 m/sk Riemengeschwindigkeit durch dick gezogene Linien dargestellt. Die Restspannung erreicht hier den Wert von 2,5 kg/cm.

Die gemessenen Auflaufspannungen sind also durchweg größer als die berechneten, und zwar umsomehr, je größer die Geschwindigkeit ist.

Da die tatsächliche Auflaufspannung des gezogenen Trums größer ist als die berechnete, ihre Linie also die Abszissenachse später schneidet, als die Rechnung ergibt, so wird die Auflaufspannung des gezogenen Trums erst bei einer größeren Nutzspannung null, als die Rechnung es erwarten läßt. Die Uebertragungsfähigkeit des Riemens wird daher bei höheren Geschwindigkeiten weiter hinaus gerückt, als die übliche Rechnung erwarten läßt.

In Fig. 136 sind die Reibungswerte μ als Ordinaten aufgetragen, die sich aus dem gemessenen Spannungsverhältnis

$$e^{\mu\nu} = \frac{k_a + {}^1\!/_2\,k_n}{k_a - {}^1\!/_2\,k_n}$$

bei $k_v = 11{,}25$ ergeben. Dabei sind zunächst diejenigen Linien als gültig zu betrachten, bei denen in Klammern $\infty = \pi$ vermerkt ist; diese Werte sind nämlich unter der Voraussetzung ermittelt, daß der halbe Umfang umspannt ist, wie es bei der vorhandenen Uebersetzung von 1 : 1 vorauszusetzen ist. Die Linien für μ steigen natürlich mit zunehmender Nutzspannung an, da bei gleichbleibendem k_a mit steigendem k_n der Zähler des Quotienten $\frac{k_a + {}^1\!/_2\,k_n}{k_a - {}^1\!/_2\,k_n}$ vergrößert und gleichzeitig der Nenner verkleinert wird. Nach der üblichen Rechnungsgrundlage müßten die μ-Linien einem Höchstwert von etwas mehr als $\mu = 0{,}28$ sich nähern, was in der vorliegenden Figur auch zutrifft. Ferner müssen bei unveränderlichem k_a und gleichem k_n die μ-Linien für größere Geschwindigkeiten höher liegen, da der Quotient $\frac{k_v + {}^1\!/_2\,k_n - k_f}{k_v - {}^1\!/_2\,k_n - k_f}$ bei steigendem k_f größer wird.

In Fig. 136 sind ferner die gemessenen Wirkungsgrade als Ordinaten zu den Nutzspannungen als Abszissen dargestellt. Je größer die Geschwindigkeit ist, desto früher erreicht der Wirkungsgrad einen Höchstwert, um dann ganz langsam zu sinken. Zu beachten ist hierbei, daß alle Linien für gleiche Vorspannung gelten. Vergrößert man mit der Geschwindigkeit gleichzeitig die Vorspannung k_v, so daß die Auflaufspannung im Leerlauf, $k_v - k_f$, unveränderlich bleibt, dann wird auch bei größerer Geschwindigkeit der Höchstwert des Wirkungsgrades bei höherer Nutzspannung erreicht.

In dem gleichen Bild ist schließlich die Schlupfkurve aufgetragen; sie ist für alle Geschwindigkeiten dieselbe und steigt in gleichem Verhältnis mit der Nutzspannung an. Nach Grashof[1] beträgt der Schlupf

---

[1] Theorie der Getriebe 1883 S. 311.

$$\sigma = \alpha k_n \text{ at}$$

oder

$$\sigma = \alpha \frac{k_n \text{ kg/cm}}{s\,\text{cm}}$$

wenn s die Riemendicke ist. Aus der gemessenen Linie ergibt sich umgekehrt der Dehnungskoeffizient

$$\alpha = \frac{1}{1110}$$

für den untersuchten Doppelriemen. Die Dehnungsmessung hatte bei höheren Belastungen den Dehnungskoeffizienten zu $\alpha =$ etwa $\frac{1}{2000}$ ergeben.

Schließlich sind in das vorletzte Bild noch μ-Linien mit der eingeklammerten Bemerkung $\omega = \omega'$ eingezeichnet. Da beobachtet wurde, daß bei größeren Geschwindigkeiten der Riemen die Scheibe nicht mehr auf dem ganzen umspannten Bogen berührt, so wurde versucht, die wirklich berührten Bogen nicht mehr mit dem Wert $\omega = \pi$, sondern mit einem kleineren im Verhältnis zur gemessenen Restspannung angenommenen Wert $\omega = \omega'$ der Auswertung für μ aus $e^{\mu\omega}$ zugrunde zu legen. Diese Annahme ist natürlich rein willkürlich. Die μ-Linien erhöhen sich dann entsprechend und nähern sich einem Höchstwert $\mu = 0{,}4$. Der Bogen ω' nimmt unter dieser Voraussetzung für alle Geschwindigkeiten den Wert $2{,}5$ statt $3{,}14$ an.

Ein Querschnitt durch das eben besprochene Schaubild ist in Fig. 137 dargestellt, und zwar ist der Schnitt bei der Abszisse $k_n = 4$ geführt; es gelten

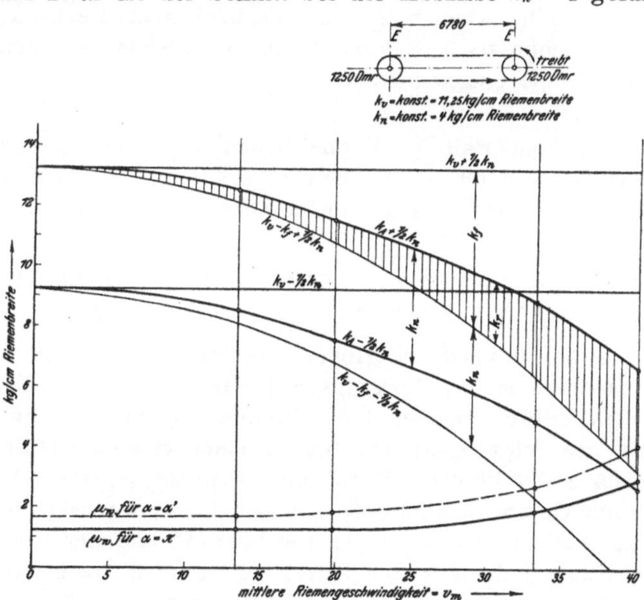

Fig. 137. Auflaufspannungen, Doppelriemen, 400 mm breit.

also alle Werte der neuen Figur für gleiche Vorspannung $k_v = 11{,}25$ und für gleiche Nutzspannung $k_n = 4$ kg/cm.

Die Spannung im ziehenden Trum $k_v + {}^{1}/_{2}\,k_n$ erscheint daher jetzt als Parallele zur Abszissenachse, auf der die Riemengeschwindigkeiten als Maß aufgetragen sind. Die gemessene Auflaufspannung des ziehenden Trums $k_a + {}^{1}/_{2}\,k_n$ liegt umso höher über der berechneten $k_v - k_f + {}^{1}/_{2}\,k_n$, je größer die Geschwindigkeit wird. Das Gleiche gilt für die gemessene Auflaufspannung

$k_a - {}^1\!/_2\, k_n$ des gezogenen Trums, die eine Aequidistante im Abstand k_n bildet. Während die berechnete Spannung $k_v - k_f - {}^1\!/_2\, k_n$ die Abszissenachse bereits bei $v = 38$ m/sk durchschneidet, trifft die gemessene Spannung $k_a - {}^1\!/_2\, k_n$ die Abszissenachse erst bei etwa 50 m/sk. Es wird also eine wesentlich größere Geschwindigkeit möglich, ohne daß die Vorspannung erhöht zu werden braucht. Oder mit anderen Worten: die Fliehkraft des Riemens hat tatsächlich keinen so großen Einfluß, wie die Rechnung unter den bisherigen Voraussetzungen ergeben würde.

Vergleicht man die eben besprochene Fig. 137 mit der dem Versuchsbericht vorangestellten Fig. 1, so wird man eine Uebereinstimmung insofern finden, als beide Figuren mit annähernd derselben Gesamtspannung gezeichnet sind; in Fig. 1 ist die Gesamtspannung $k_T = 15$ kg/cm und in Fig. 137 ist die Gesamtspannung $k_T = k_v + {}^1\!/_2\, k_n = 13{,}25$ kg/cm. Die von der Gesamtspannung abgezogene Fliehspannung erreicht in den beiden Figuren folgende Werte:

Berechnete Fliehspannung der Fig. 1	**Gemessene Fliehspannung der Fig. 137**
für $v = 10$ m/sk: $k_f = 0{,}56$ kg/cm	$k_f = 0{,}3$ kg/cm
20 » 2,25 »	1,7 »
30 » 5,00 »	3,6 »
40 » 8,95 »	6,6 »

Die Fig. 1 wird daher diesen Werten entsprechend so umzugestalten sein, daß die Linie für $k_T - k_f$ höher hinaufgerückt wird. Dieselbe Wirkung wird erreicht werden, wenn man die Fliehspannungen zwar ebenso groß aufträgt, wie die Rechnung sie ergibt, wenn man zum Ausgleich aber die Linie der Gesamtspannung k_T nicht mehr als eine Parallele zur Abszissenachse, sondern als eine mit v ansteigende Linie einzeichnet.

Der für einen Sonderfall — Doppelriemen auf Scheiben von je 1250 mm Dmr. — untersuchte Einfluß der Geschwindigkeit auf den Wirkungsgrad läßt sich auch unmittelbar aus den axonometrischen Darstellungen ablesen. Bei dem Vergleich von

Fig. 91 S. 64 mit Fig. 94 S. 66 in der Hauptgruppe III und von
Fig. 96 S. 67 mit Fig. 98 S. 68 in der Hauptgruppe IV

findet man, daß bei doppelt so großer Geschwindigkeit und gleicher Vorspannung der Höchstwert des Wirkungsgrades früher, d. h. bei kleinerer Nutzspannung erreicht wird. Wie in dem Abschnitt 15) bereits erwähnt, scheint der Höchstwert des Wirkungsgrades bis zu einer gewissen Grenze (12 kg/cm bei Doppelriemen und 6 kg/cm bei einfachen Riemen) annähernd in gleichem Verhältnis mit der Gesamtspannung $k_v - k_f + {}^1\!/_2\, k_n$ zu wachsen und dann unveränderlich zu bleiben bis zu einer gewissen Grösse der Gesamtspannung, die bei Doppelriemen jedenfalls den Betrag 15 kg/cm überschreitet. Man muß also bei größeren v die Vorspannung soweit steigern, daß die Ueberschußspannung $k_v - k_f$ unveränderlich bleibt, wenn man den Wirkungsgrad auf gleicher Höhe halten will. Da diese Steigerung der Vorspannung bei größerem v ohnehin vorgenommen werden muß, um Gleiten zu verhindern, so wird bei großer Geschwindigkeit ein ebenso hoher Wirkungsgrad zu erwarten sein, wie bei niedriger; die Versuche mit hohen Geschwindigkeiten haben dies auch unmittelbar nachgewiesen. Der Wirkungsgrad bildet also kein Hemmnis für die Steigerung der Geschwindigkeit.

18) Einfluß des Riemenscheibendurchmessers.

In Fig. 138 ist aus den Hauptgruppen 1 und 2 ein Vergleich für folgende zwei Fälle gezogen:

1) Ein einfacher Riemen übersetzt von einer Holzscheibe von 600 mm Dmr.
auf eine eiserne Scheibe von 1250 mm Dmr.

2) » » » » von einer Holzscheibe von 600 mm Dmr.
auf eine eiserne Scheibe von 2500 mm Dmr.

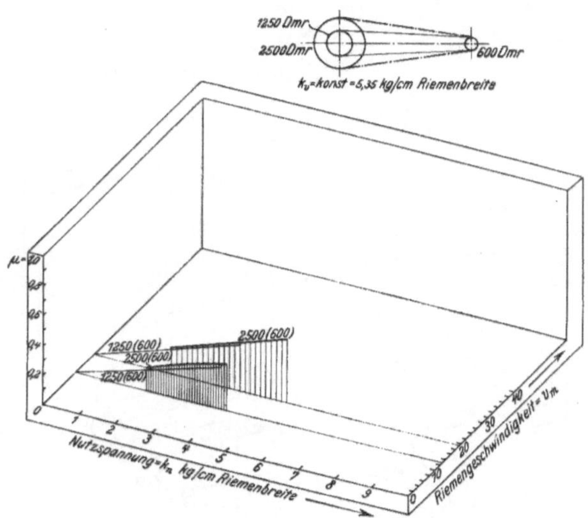

Fig. 138. Einfluß des Scheibendurchmessers auf μ. Einfacher Riemen, 375 mm breit.

Der günstige Einfluß der größeren Scheibe von 2500 mm Dmr. wird sich hier nicht in vollem Umfang geltend machen, weil bei größerer Gegenscheibe gleichzeitig der umspannte Bogen auf der Holzscheibe um 10 Grad kleiner wird. Immerhin ist aus dem Schaubild deutlich zu entnehmen, daß die Reibungswerte μ bei größerer Gegenscheibe etwas höher liegen, daß also der Riemen auf die große Scheibe mehr übertragen kann als auf die kleine.

Fig. 139 gibt einen Vergleich aus den Hauptgruppen III und IV für die beiden Fälle:

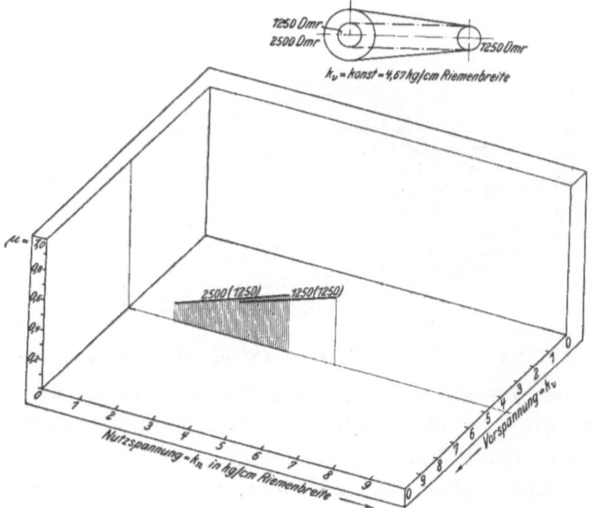

Fig. 139. Einfluß des Scheibendurchmessers auf μ. Einfacher Riemen, 375 mm breit.

1) Ein einfacher Riemen auf Scheiben von je 1250 mm Dmr.

2) Ein einfacher Riemen auf Scheiben von 1250 und 2500 mm Dmr.

Vorspannung und Geschwindigkeit sind gleich. Die μ-Kurve liegt bei der größeren Scheibe höher. Der umspannte Bogen ist um 7 Grad kleiner.

Die Versuche mit dem Doppelriemen gewähren — weil sie später, mit mehr Erfahrung und daher mit größerer Genauigkeit ausgeführt wurden — einen umfassenderen Einblick. In Fig. 140 sind zunächst die Reibungswerte

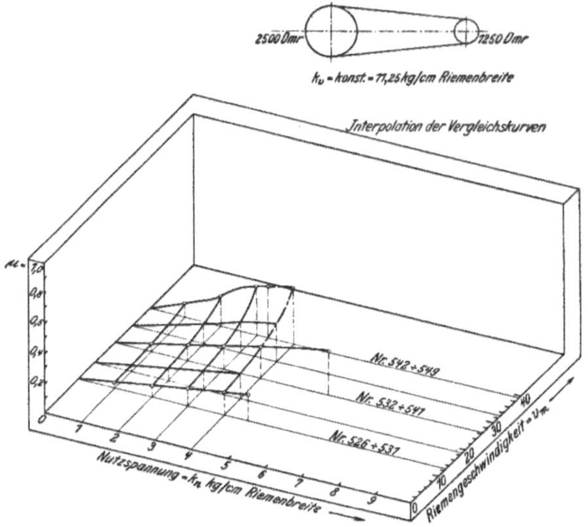

Fig. 140. Einfluß des Scheibendurchmessers auf μ. Doppelriemen, 400 mm breit.

μ aller Versuche mit Scheiben von 1250 mm Dmr und 2500 mm Dmr und mit gleicher Vorspannung $k_v = 11{,}25$ zusammengestellt; durch Interpolation wurden weitere Werte für zwischenliegende Geschwindigkeiten genommen.

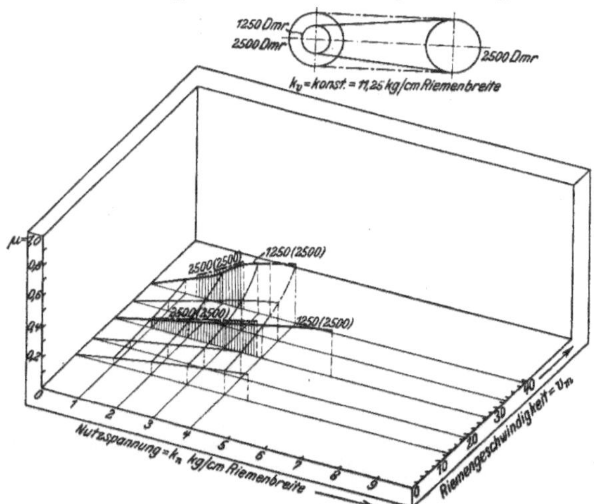

Fig. 141. Einfluß des Scheibendurchmessers auf μ. Doppelriemen, 400 mm breit.

In Fig. 141 ist die so entstandene μ Fläche wiederholt; zum Vergleich sind Versuche mit größerer Gegenscheibe von 2500 mm Dmr und gleicher Vorspannung mit gestrichelten Linien eingezeichnet. Man sieht ohne weiteres, daß die gestrichelten Linien über der μ-Fläche liegen, daß also bei größerem Scheibendurchmesser der Reibungswert μ größer wird.

Fig. 142 stellt wieder die gleiche μ-Fläche dar; mit gestrichelten Linien sind Parallelversuche mit kleinerer Gegenscheibe von 1250 mm Dmr eingetragen;

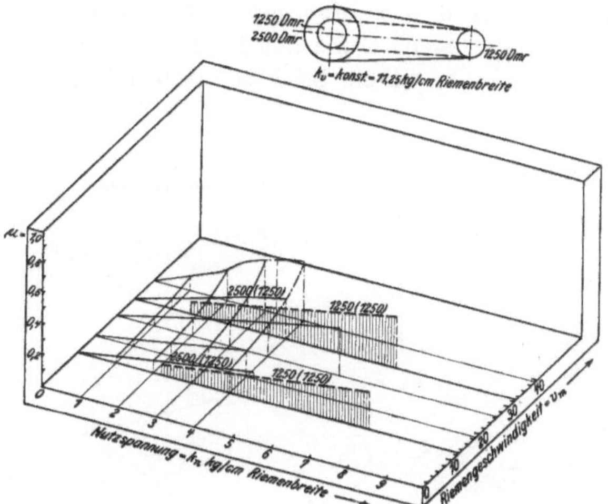

Fig. 142. Einfluß des Scheibendmr. auf μ. Doppelriemen, 400 mm breit.

die Reibungswerte μ liegen bei der kleineren Gegenscheibe von 1250 mm Dmr. beträchtlich tiefer, als bei der Gegenscheibe von 2500 mm Dmr.

Schließlich ist in Fig. 143 eine Zusammenfassung des eben Gefundenen dargestellt: gleichviel ob die treibende oder die getriebene Scheibe vergrößert wird. in jedem Fall steigt der Reibungswert μ. Die Diagonalen der beiden

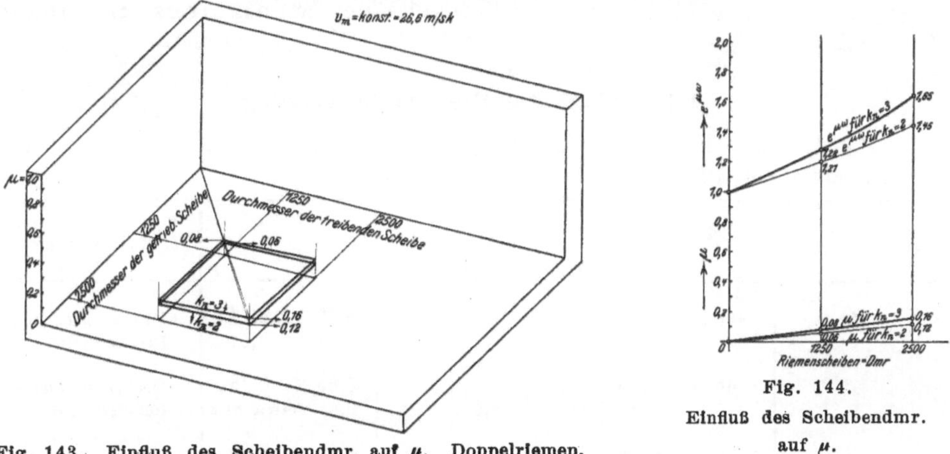

Fig. 143. Einfluß des Scheibendmr. auf μ. Doppelriemen,
400 mm breit.

Fig. 144.
Einfluß des Scheibendmr.
auf μ.

Flächen gehen durch den Nullpunkt: der Reibungswert μ steigt also in einfachem Verhältnis mit dem Scheibendurchmesser. Es ist also durchaus gerechtfertigt, Riemen auf größeren Scheibendurchmessern höher zu belasten als auf kleinen Scheiben.

In Fig. 144 ist die lotrechte Diagonalebene der vorhergehenden Figur für sich dargestellt; zu den Werten μ sind die zugehörigen Werte $e^{\mu\omega}$ eingetragen; letztere sind ein unmittelbares Maß für die Umfangskraft, die der Riemen übertragen kann.

19) Einfluß des Riemenscheibenmaterials.

In Fig. 145 sind in die bereits unter 18) erwähnte Fläche noch die Reibungswerte μ für eine Gegenscheibe aus Holz von 600 mm Dmr eingetragen. Trotzdem diese Scheibe nur einen halb so großen Durchmesser hat wie die

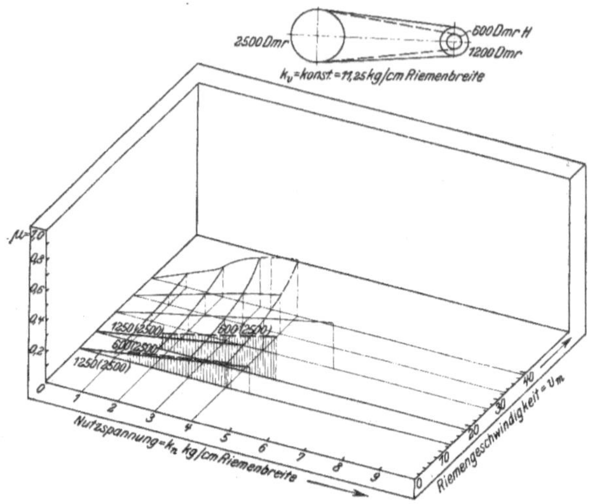

Fig. 145. Einfluß des Scheibendmr. auf μ. Doppelriemen, 400 mm breit.

Eisenscheibe von 1250 mm Dmr. liegen doch ihre μ-Kurven beträchtlich höher. Es überträgt daher eine Holzscheibe zweifellos eine höhere Umfangskraft als eine gleich große Eisenscheibe, wenigstens im neuen Zustand.

20) Einfluß der Riemenübersetzung.

Einen Einblick gewährt die Gegenüberstellung folgender Versuchspaare für den einfachen Riemen:

Hauptgruppe	Scheiben-Dmr. mm	v m/sk	k_v kg/cm	k_n kg/cm	η	μ	Uebersetzung
I	600 und 1250	15,6	4,6	7	**0,95**	**0,72**	ins Langsame
I	600 » 1250	16,24	5,4	7	0,94	0,57	ins Schnelle
I	600 » 1250	18,78	4,6	7	**0,96**	**0,75**	ins Langsame
I	600 » 1250	19,35	4,6	7	0,93	etwa 0,63	ins Schnelle
IV	1250 » 2500	26,26	5,4	3	0,98	**0,40**	ins Langsame
IV	1250 » 2500	26,0	5,4	3	0,98	0,35	ins Schnelle ·

Die Versuchspaare sind so ausgewählt, daß Geschwindigkeit, Vorspannung und Nutzspannung möglichst gleich sind. Es zeigt sich, daß bei einem Scheibendurchmesser von 600 mm die Uebersetzung ins Langsame aus zwei Gründen vorteilhafter ist als die ins Schnelle: einmal liegt der Wirkungsgrad ein wenig höher und dann ist der Reibungswert größer. Bei dem Scheibendurchmesser von 1250 mm ist dagegen der Einfluß der Uebersetzung verschwindend klein, der Wirkungsgrad ist derselbe und der Reibungswert für die Uebersetzung ins Langsame nur ganz wenig höher als für die Uebersetzung ins Schnelle.

21) Einfluß der Lage des ziehenden Riementrums.

Für den Vergleich sind folgende Versuchspaare verwertbar:

Haupt-gruppe	Scheibendurch-messer mm	v m/sk	k_v kg/cm	k_n kg/cm	η	σ vH	ziehendes Trum liegt	Bemerkungen
I	600 und 1250	16,24	5,4	6	**0,93**	0,67	unten	Das unten ziehende Trum ist insofern günstiger, als bei gleicher Vorspannung der Wirkungsgrad auch bei der hohen Nutzspannung $k_n = 8$ groß und der Schlupf klein bleibt, während bei oben ziehendem Trum η und σ schon bei $k_n = 5$ ungünstig werden.
I	»	16,24	5,4	6	0,90	**0,90**	oben	
IV	1250 und 2500	26,0	5,4	3	**0,98**	0,43	unten	Auch hier verhält sich das unten ziehende Trum günstiger, weil bei ihm der Wirkungsgrad bei $k_n = 3$ noch steigt, während er bei oben ziehendem Trum schon bei $k_n = 1$ fällt.
IV	»	26,1	5,4	3	0,86	0,40	oben	
V	2500 und 2500	26,4	4,0	3	0,95	0,68	unten	Bei unten ziehendem Trum verhält sich der Schlupf etwas günstiger; aber der Einfluß ist hier nur noch gering.
V	»	26,4	4,0	3	0,95	nahezu 0	oben	
VIII Doppel-riemen	2500 und 2500	26,14	7,5	2,5	**0,96**	0,19	unten	Wirkungsgrad und Schlupf sind bei unten ziehendem Trum etwas günstiger; aber der Einfluß ist sehr gering.
	»	25,9	7,5	2,5	0,95	**0,24**	oben	
IX	2500 und 2500	52,47	14,0	3,5	**0,97**	0,24	unten	Bei unten ziehendem Trum verhalten sich Wirkungsgrad und Schlupf günstiger; denn η fällt bei $k_n = 3,5$ noch nicht, während bei oben ziehendem Trum η schon von $k_n = 2$ an sinkt. Bei großem v tritt also der Einfluß wieder hervor.
IX	»	52,7	14,0	3,5	0,93	**0,26**	oben	
X Doppel-riemen	2500 und 2500	51,0	22,5	2,5	**0,94**	0,09	unten	Auch hier ist das unten ziehende Trum in Bezug auf den Wirkungsgrad und Schlupf günstiger; der Einfluß macht sich bei großem v deutlich bemerkbar.
	»	52,18	22,5	2,5	0,90	**0,12**	oben	

Das unten ziehende Trum verhält sich durchweg insofern günstiger als das oben ziehende, als es bei gleicher Vorspannung höhere Nutzspannungen zuläßt, ohne daß der Wirkungsgrad fällt oder der Schlupf steigt. Bei oben ziehendem Trum muß zur Erzielung gleicher Uebertragungsfähigkeit eine stärkere Vorspannung gegeben werden; es verhält sich daher unwirtschaftlich in Bezug auf Kraftverbrauch und auf Ausnutzung. Der Einfluß ist groß bei kleinen Scheiben von 600 mm bis 1250 mm Dmr., gering bei großen Scheiben von 2500 mm Dmr. und mäßiger Geschwindigkeit von 26 m/sk, groß dagegen wieder bei Scheiben von 2500 mm Dmr. und großer Geschwindigkeit von 52 m sk.

22) Einfluß der Riemenspannrolle.

Die Versuche der Hauptgruppe XI wurden angestellt, um den Einfluß einer Spannrolle zu untersuchen. Die Spannrolle war dabei unmittelbar an der treibenden Scheibe von 1200 mm Dmr. angeordnet und mit nahezu demselben Durchmesser von 1000 mm ausgeführt. Der umspannte Bogen der treibenden Scheibe betrug ohne Spannrolle 166° und konnte durch die Spannrolle auf 193° und auf 212° vergrößert werden; gleichzeitig vergrößerte sich auch der umspannte Bogen der getriebenen Scheibe von 2500 mm Dmr. von 194° auf 198° bezw. auf 213°.

In Fig. 146 sind die gemessenen Werte für η, für μ und für $e^{\mu\omega}$ für $\omega =$ 166°, für $\omega = 193°$ und für $\omega = 212°$ zusammengestellt, und zwar für $v = 26$ m/sk und für $v = 39$ m/sk; außerdem ist noch eine gestrichelte Kurve für den Wert $e^{\mu\omega}$ eingezeichnet, der sich ergeben würde, wenn der Reibungswert bei Einschaltung der Spannrolle genau denselben Wert behielte wie vorher.

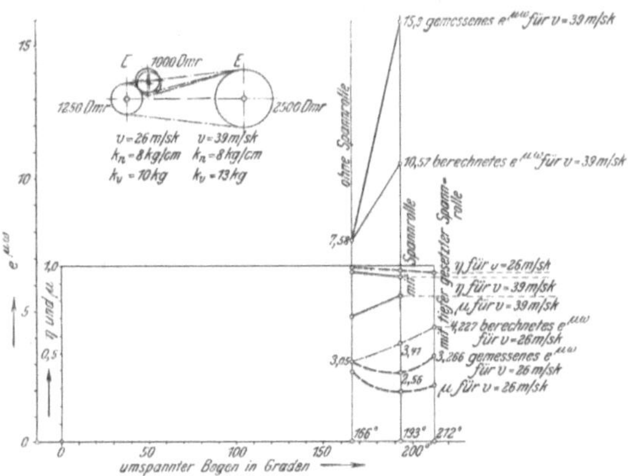

Fig. 146. Einfluß der Spannrolle bei Riemen.

Man sieht an dieser Darstellung, daß das Spannungsverhältnis bei $v = 39$ m/sk zwar auch ohne Anwendung einer Spannrolle den hohen Wert 10,4 erreichen kann, daß es aber durch die Spannrolle noch auf 15,8 wesentlich vergrößert wird. Bei $v = 26$ m/sk lagen die Versuche zu weit von den Grenzwerten für μ entfernt, als daß sie einen Aufschluß über das Verhalten von μ geben könnten. Die Wirkungsgrade sind sowohl für $v = 26$ m/sk wie für $v = 29$ m/sk bei der Spannrolle um ein Geringes kleiner als bei dem Riemen ohne Spannrolle.

Zu beachten ist hierbei, daß in dem hier gemessenen Verlust zwar die Lagerreibung der Spannrolle, nicht aber die der Hauptlager enthalten ist. Tatsächlich wird aber bei Anwendung einer Spannrolle der Druck auf die Hauptlager kleiner, weil die Riemenzüge nicht mehr parallel sind, sich daher nicht mehr in voller Größe addieren; außerdem sind wegen des größeren Spannungsverhältnisses die Riemenzüge kleiner: es wird daher in Wirklichkeit der Wirkungsgrad der Spannrolle verhältnismäßig höher liegen, als es hier erscheint.

23) Material der Seile.

Für die vergleichenden Versuche wurden zwei Arten Seile verwendet: Rundseile und Trapezseile. Beide Arten wurden von der Firma Felten & Guilleaume in Köln zur Verfügung gestellt, und zwar in einer Stumpflänge von je 20,5 m. Der zu den Seilen verarbeitete Manilahanf stammt von den Philippinen-Inseln. Er wird in vorgenannter Fabrik durch Hecheln von seinen kurzen Faserbestandteilen befreit, die übrigbleibenden Kernfasern werden durch Maschinen zu Garnen versponnen. Um einer Zerreißung der inneren Garne infolge der ständigen Laufbewegung und vielen Biegungen vorzubeugen, werden diese Garne einer besonderen Durchtränkung unterworfen.

Die Rundseile waren aus 3 Litzen von je 25 mm zusammengedreht, so daß ein Außendurchmesser von 50 mm entstand. Der durch den Außendurchmesser der Litzen gekennzeichnete Querschnitt betrug

$$f = 3 \cdot \frac{2,5^2 \, \pi}{4} = 14,7 \text{ qcm}.$$

Der tatsächlich tragende Querschnitt ist natürlich kleiner, da zwischen den Fäden, aus denen die Litzen zusammengewunden sind, noch Spielräume vorhanden sind.

Das Gewicht des Rundseiles betrug im ungespannten Zustand 1,77 kg für 1 m, im gespannten Zustand

$$Q = 1,68 \text{ kg/m}.$$

Die Dehnungsziffer des Rundseiles war im Mittel

$$\alpha = \frac{1}{1700},$$

bei Belastungen von 300 bis 600 kg gemessen und auf den Querschnitt von 14,7 qcm bezogen. Würde man den dem ganzen Seil umschriebenen Querschnitt $\frac{5^2 \, \pi}{4} = 19,6$ qcm zu grunde legen, so wäre die Dehnungsziffer $\frac{1}{2300}$.

Die Trapezseile waren aus 6 Strängen zu einem Zopf zusammengeflochten; jeder Strang war aus 4 Litzen von je 10,5 mm zusammengedreht. Der durch den Außendurchmesser der Litzen gekennzeichnete Querschnitt betrug

$$f = 24 \cdot \frac{1,05^2 \, \pi}{4} = 20,8 \text{ qcm}.$$

Der tatsächlich tragende Querschnitt war natürlich auch hier wegen der Spielräume zwischen den Fäden kleiner.

Das Trapezseil wog im ungespannten Zustand 1,9 kg/m, im gespannten Zustand

$$Q = 1,85 \text{ kg/m}.$$

Die Dehnungsziffer wurde im Mittel

$$\alpha = \frac{1}{2000},$$

gemessen bei Belastungen zwischen 500 und 1000 kg und auf den Querschnitt von 20,8 qcm bezogen.

In Fig. 147 und 148 sind die umschriebenen Querschnitte der Seile dargestellt; Fig. 149 zeigt Seilstücke und Fig. 150 die fertig gespleißten Seile, von denen augenblicklich nur ein Rundseil in einem Kreisseiltrieb versucht wird,

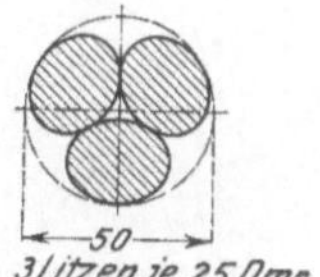

Rundseil.   Trapezseil.

Fig. 147 und 148. Querschnitte der Seile.

während die übrigen drei Rundseile und die vier Trapezseile unbenutzt neben den Scheiben liegen.

Um wenigstens einen annähernden Einblick in das Steifigkeitsverhalten der beiden Seilarten zu gewinnen, wurde folgender Versuch angestellt: ein Seilstück wurde auf zwei Porzellanrollen gelegt, Fig. 151, und in seiner Mitte durch angehängte Gewichte so lange belastet, bis sich eine bestimmte Durchbiegung ergab. Die entstehende elastische Linie wird in ihrer Mitte einen gewissen Krümmungshalbmesser besitzen, der durch die Beziehung

Rundseil — Trapezseil
obere (breite), untere (schmale), seitliche Ansicht.
Fig. 149.

Fig. 150. Fertig gespleißte Seile.

$$\varrho = \frac{EJ}{M}$$

bestimmt ist. Die Größe der Durchbiegung wird für vorliegenden Fall

$$\delta = \frac{P}{EJ}\,\frac{a^3}{48}.$$

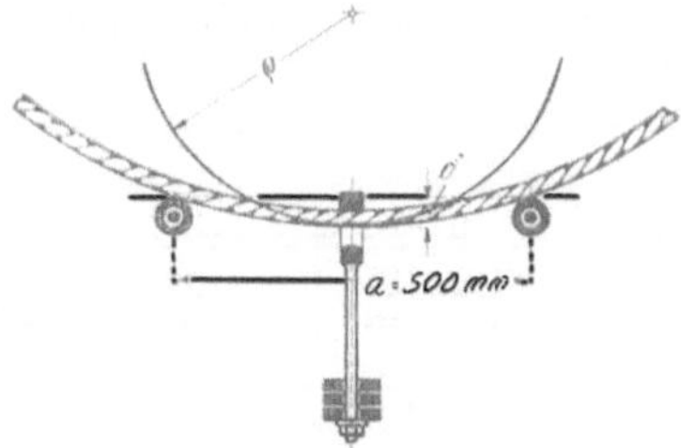

Fig. 151. Messung der Durchbiegung des Seiles.

Berücksichtigt man noch, daß

$$M = \frac{Pa}{4}$$

ist, so wird

$$\delta = \frac{a^2}{12\,\varrho}.$$

Einer Seilscheibe von 1500 mm Dmr. würde daher eine Durchbiegung der elastischen Linie von $\delta = \frac{500^2}{12 \cdot 750} = 28$ mm entsprechen. Diese Durchbiegung von 28 mm wurde bei dem Rundseil durch eine Belastung von 2 **kg** erzielt, bei dem Trapezseil von 3,5 kg. Diesen Werten würde ein Trägheitsmoment

$$J = \frac{P}{\delta}\,\frac{a^3}{48\,E}$$

entsprechen, das für das **Rundseil** den Wert

$$J = \frac{2,0}{2,8} \cdot \frac{50^3}{48 \cdot 1700} = 1,1 \text{ cm}^4,$$

und für das **Trapezseil** den Wert

$$J = \frac{3,5}{2,8} \cdot \frac{50^3}{48 \cdot 2000} = 1,6 \text{ cm}^4$$

annimmt; ein vollkommen steifes Rundseil würde demgegenüber ein Trägheitsmoment

$$J = \frac{\pi}{64} \cdot 5^4 = 30,7 \text{ cm}^4$$

besitzen. Die Steifigkeit des Trapezseiles ist also um ein Geringes größer als die des Rundseiles. Zu beachten ist, daß die so ermittelte Steifigkeit lediglich für das unbelastete Seil gilt. Das belastete Seil ist zweifellos viel steifer, weil die Fasern gegeneinander gepreßt sind.

In Fig. 152 ist noch der Rillenquerschnitt der Seilscheiben dargestellt.

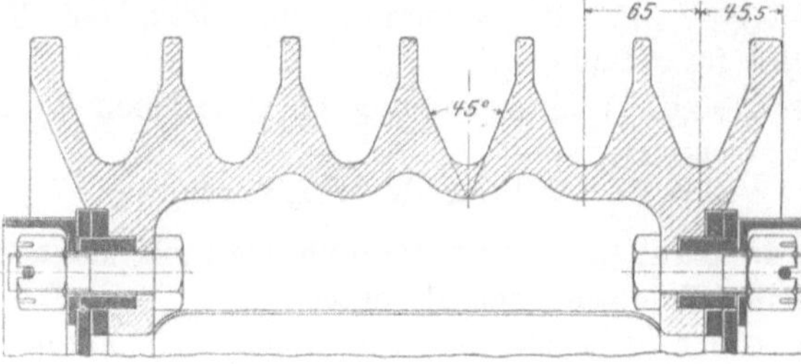

Fig. 152. Seilscheibenprofil.

Die Genauigkeit der Seilscheiben wurde in der Weise gemessen, daß auf die abgedrehten Außenränder der Scheiben, deren Durchmesser mittels Stahlband gemessenen wurden, ein Stahllineal aufgelegt wurde, auf dem ein Schieber sowohl parallel zum Lineal wie radial zur Seilscheibe verschoben werden konnte. Dieser Schieber trug eine dünne Metallscheibe von 50 mm Dmr., die den Seilquerschnitt darstellte. Diese Scheibe wurde bei jeder Rille bis zum völligen Anliegen vorgeschoben und die Größe der Vorschiebung mittels Noniusablesung gemessen. Dieses Meßverfahren ergab für die einzelnen Seilscheiben und Rillen folgende Durchmesser:

Scheibe mm Dmr.	Rille 1	Rille 2	Rille 3	Rille 4	Rille 5	Rille 6	Rille 7	Rille 8	Rille 9	$D_{max.}$ $-D_{min}$
2500	2496,3	2496,7	2497,1	2498,4	—	—	—	—	—	2,1
2500	2497,3	2498,1	2497,5	2497,4	—	—	—	—	—	0,9
1500	1501,7	1501,4	1501,3	1500,8	1500,1	1500,2	—	—	—	1,6
1500	1502,0	1499,8	1500.1	1499,5	1500,4	1500,0	—	—	—	2,5
1040	1038,0	1036,6	1037,5	1036,9	1037,8	1037,6	1036,8	1036,7	1037,2	1,4
1040	1037,5	1037,6	1038,2	1037,9	1037,4	1037,7	1037,4	1036,7	1036,4	1,8

24) Bezeichnungen der Seilversuche.

Da der tatsächlich tragende Querschnitt der Seile nicht genau bestimmt werden konnte, so wurde darauf verzichtet, die Kräfte auf irgend einen willkürlichen Querschnitt, z. B. den des umgeschriebenen Kreises zu beziehen. Es wurden vielmehr in die Schaubilder der Seilversuche immer nur die auf das ganze Seil wirkenden Kräfte eingetragen, während bei den Riemenversuchen alle Kräfte auf 1 cm Riemenbreite bezogen waren. Demgemäß sind bei den Seilversuchen diese Kräfte durchweg mit K in kg für 1 Seil bezeichnet, während bei den Riemenversuchen die Bezeichnung k in kg auf 1 cm Breite gewählt war.

Im Einzelnen bezeichnen wieder:

K_v die Vorspannung des Seiles, gemessen im Stillstand,

K_a » Achsspannung des Seiles, gemessen im Betrieb,

K_f » Fliehspannung des Seiles, berechnet aus Gewicht und Geschwindigkeit,

K_r » Restspannung $= K_a - (K_v - K_f)$,

K_n » Nutzspannung,

$$e^{\mu\omega} = \frac{K_a + {}^1/_2\,K_n}{K_a - {}^1/_2\,K_n} \text{ das Spannungsverhältnis,}$$

μ den beobachteten Mindest-Reibungswert des Seiles,

σ » scheinbaren Schlupf,

η » Wirkungsgrad des Seiles.

v die Seilgeschwindigkeit in m/sk.

$K_T = K_a + K_f + {}^1/_2\,K_n$ die Spannung im ziehenden Trum, gemessen in kg für 1 Seil,

$K_t = K_a + K_f - {}^1/_2\,K_n$ die Spannung im gezogenen Trum.

25) Darstellung der Seilversuche.

Die Einteilung in Hauptgruppen geschah nach folgenden Gesichtspunkten:
Art der Seile: Rundseil oder Trapezseil,
Durchmesser der Seilscheiben: 1040, 1500 und 2500 mm,
Schaltung der Seile: Parallelseiltrieb oder Kreisseiltrieb,
Umspannter Bogen: mit oder ohne Spannrolle.

Bei den Seilversuchen wurde genau wie bei den Riemenversuchen in der Weise vorgegangen, daß zunächst für jede Geschwindigkeit eine geringe Vorspannung eingestellt und die Nutzspannung so lange gesteigert wurde, bis das gezogene Trum so schlaff wurde, daß die Seile zu schlagen anfingen. Bei den Rundseilen konnte man, nachdem sie eingelaufen waren, mit der Vorspannung bis auf 50 kg für 1 Seil im Leerlauf heruntergehen, ohne daß der Lauf unruhig wurde; bei den Trapezseilen mußte man unter gleichen Umständen die Vorspannung mindestens auf 250 kg halten, um sicheren Gang zu behalten. Bei den Versuchen mit 1 Seil ging man bis zu einer Nutzspannung von 170 kg; bei den Versuchen mit mehreren Seilen ließ sich diese Belastung nicht erreichen, weil die Leistungsfähigkeit der Elektromotoren schon lange vorher erschöpft war.

Insgesamt wurden rund 500 Seilversuche ausgeführt.

Im nachfolgenden sind die Ergebnisse der wichtigsten Versuche, in 16 Versuchsgruppen geordnet, in axonometrischer Darstellung wiedergegeben.

Es sind aufgetragen:

als Abszissen von links nach rechts: die Nutzspannungen K_n,
als Abszissen von vorn nach hinten: die Vorspannungen K_r,
als Ordinaten: die Wirkungsgrade η,
die Reibungswerte μ
und die Schlupfwerte σ.

Der Schlupf war bei den Seilversuchen zumeist verschwindend klein; er ist daher nur dort eingetragen, wo er wesentlich größer wird, wo also aus einem Reckschlupf ein Gleitschlupf wird.

Ueber jeder Darstellung ist wieder das Schema des Seiltriebes maßstäblich skizziert mit Angabe der Scheibendurchmesser, des Achsenabstandes, der Seilgeschwindigkeit, der Lage des ziehenden Trums und der treibenden Scheibe. Ferner sind die senkrechten und wagrechten Achsdrücke des Stillstandes vermerkt.

Der über dem Wert $\mu = 0{,}28$ liegende Teil der μ-Fläche ist durch eine Trennungslinie hervorgehoben.

Zu jeder axonometrischen Darstellung ist ein Schaubild der Schichtenlinien für η und μ hinzugefügt. Aus diesem ist namentlich erkennbar, wo die Höchstwerte von η und μ liegen, und wie sich der Einfluß der Vorspannung bemerkbar macht.

26) Wanderung der Seile.

Um zu untersuchen, ob die in Parallelschaltung aufgelegten Seile gleichmäßig fortschreiten, wurden zunächst 4 Rundseile auf Seilscheiben von 2500 mm Dmr. und 1040 mm Dmr. aufgelegt; die gegenseitige Lage wurde durch einen Farbstrich an der treibenden Scheibe von 1040 mm Dmr. und an den 4 Seilen bezeichnet. Nun wurden die Seile mit einer Geschwindigkeit von 17,4 m/sk in Betrieb gesetzt und dabei die gegenseitige Stellung der 4 Marken fortlaufend beobachtet. Es wurde dabei darauf geachtet, daß der Anlauf ohne Stoß erfolgte. Nachdem die Seile einen Weg von rund 10 km zurückgelegt hatten, wurde abgestellt und die Stellung der Marken gemessen. Die Versuche wurden leer und mit einer Nutzlast von 28 kg für 1 Seil ausgeführt, und zwar mit zwei verschiedenen Vorspannungen: mit 100 kg und mit 300 kg für 1 Seil. Der Schlupf des straffsten Seils gegen die treibende Scheibe wurde hierbei als verschwindend klein beobachtet. Die anderen drei Seile eilten dem straffsten Seil etwas vor, liefen also augenscheinlich weniger tief in den Seilnuten der Scheibe. Die beobachteten Voreilungen sind, auf 1000 m Seilweg umgerechnet, in Fig. 138 eingetragen.

Ein ähnlicher Versuch wurde mit 4 Trapezseilen auf den gleichen Scheiben ausgeführt. Auch hierbei folgte ein Seil, Nr. 2, so genau der Bewegung der treibenden Scheibe, daß der Schlupf verschwindend klein war. Von den anderen 3 Seilen eilten 2 dem erstgenannten vor, liefen also weniger tief in den Nuten. Das vierte Seil, Nr. 3, blieb dagegen merklich gegen die Scheibe zurück. Man muß annehmen, daß dieses Seil so schlaff gespannt war, daß ein geringes Gleiten eintrat.

Der Schlupf dieses letzten Seiles gegen die Scheibe betrug im Leerlauf 0,027 vH, bei Belastung 0,053 vH. Die Ergebnisse des Versuches mit Trapezseilen sind ebenfalls in Fig. 153 dargestellt.

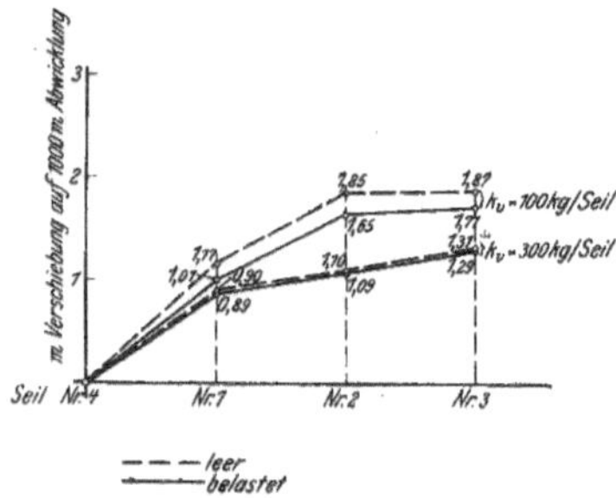

Rundseile: $n = 320$, $K_n = 28$ kg/Seil.   Trapezseil: $n = 400$, $K_n = 37$ kg/Seil.

Fig. 153. Wanderung der Seile.

Man sieht aus dieser Darstellung deutlich, daß die Ungleichförmigkeit des Fortschreitens bei Leerlauf im Ganzen und im Verhältnis größer ist als bei Belastung und daß sie bei geringer Vorspannung wesentlich größer ist als bei vermehrter Vorspannung. Ferner ist die Ungleichförmigkeit bei Trapezseilen größer als bei Rundseilen; sie erreicht bei Rundseilen den Höchstwert

$$\frac{1,87}{1000} = \frac{1}{535}$$

und bei Trapezseilen den Höchstwert

$$\frac{2,78}{1000} = \frac{1}{360}.$$

Diese Beträge sind verhältnismäßig klein, aber sie lassen im Vergleich zu der Dehnungsziffer, rund $^1/_{2000}$, doch erkennen, daß die Verteilung der Belastung auf die einzelnen Seile nicht ganz gleichmäßig ist. Diese Beobachtung steht in Einklang mit einer im folgenden erwähnten, wonach bei Anwendung von mehreren Seilen der Höchstwert des Wirkungsgrades bei kleinerer Nutzspannung erreicht wird als bei Anwendung eines einzigen Seiles.

27) Einfluß der Nutzspannung und der Vorspannung der Seile.

I. Hauptgruppe:

1 und 4 Rundseile; Scheiben von 1040 mm Dmr. und 2500 mm Dmr.; Parallelschaltung; ohne Spannrolle.

1 Seil; $v = 26$ m/sk;

oberes Trum zieht; Uebersetzung ins Langsame, Fig. 154.

Der Wirkungsgrad steigt zunächst mit zunehmender Nutzspannung rasch an, erreicht einen Wert von etwa 0,95, sobald die Nutzspannung den Wert K_n

70 bis 90 kg auf das ganze Seil erreicht hat und erzielt Höchstwerte von 0,96 bei $K_n =$ etwa 100, um dann wieder langsam zu fallen. Der Verlauf der η-Kurven ist also dem bei Riemen gleichartig. Der aus dem gemessenen Spannungsverhältnis

$$e^{\mu\omega} = \frac{K_a + \tfrac{1}{2}K_n}{K_a - \tfrac{1}{2}K_n}$$

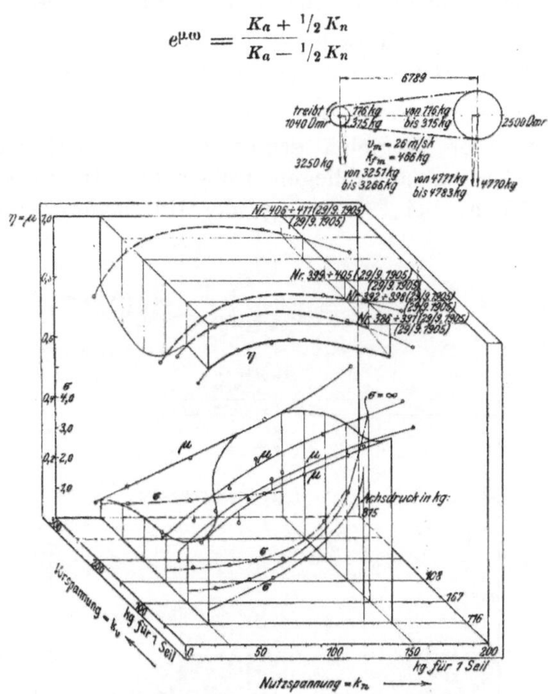

Fig. 154. I. Hauptgruppe. 1 Rundseil, 50 mm Dmr.

abgeleitete Reibungswert μ steigt mit zunnehmender Nutzspannung K_n in ungefähr derselben Weise an wie bei Riemenversuchen und erreicht Höchstwerte bis zu $\mu = 0{,}5$ bis $0{,}6$, wobei der Schlupf verschwindend klein ist. Die über dem üblichen Wert $\mu = 0{,}28$ liegenden μ-Werte sind durch eine Trennungskurve

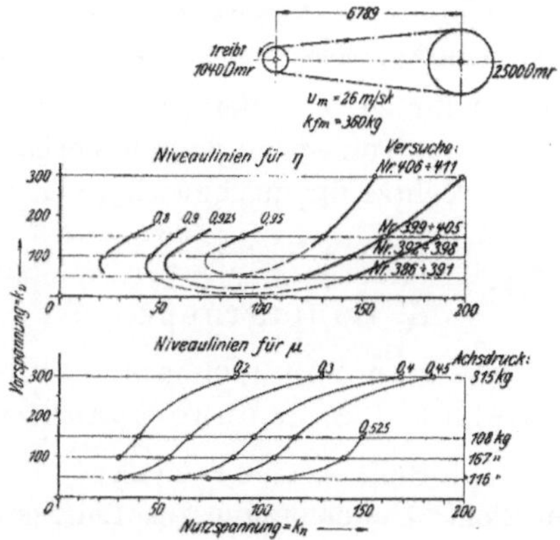

Fig. 155. I. Hauptgruppe. 1 Rundseil, 50 mm Dmr.

von den darunter liegenden abgegrenzt. Wie bei den Riemenversuchen nimmt μ mit abnehmender Vorspannung zu.

Die Schichtenlinien für η, Fig. 155, zeigen einen Bergrücken, dessen Längsachse annähernd mit der Linie $K_n = 100$ kg zusammenfällt; der Höchstwert $\eta = 0{,}96$ liegt in dieser Linie bei der Nutzspannung $K_n = 90$ kg. Bei höherer Nutz-

spannung steigt der Wirkungsgrad mit zunehmender Vorspannung. Es gibt also
bis zu $K_n = 100$ kg eine günstigste Vorspannung von etwa 100 kg; wollte man
die Nutzspannung über diesen Wert hinaus steigern, ohne den Wirkungsgrad zu
erniedrigen, so müßte man die Vorspannung beträchtlich größer wählen.

4 Seile; $v = 26$ m/sk;
oberes Trum zieht; Uebersetzung ins Langsame, Fig. 156.

Gegenüber der vorhergehenden Versuchsgruppe ist nur die Seilzahl von
1 auf 4 gesteigert. Der Vergleich ergibt, daß die Wirkungsgradkurven bei
4 Seilen im ersten Anstieg höher liegen, früher ihren Höchstwert erreichen und
früher wieder abfallen; bei 1 Seil liegt der Höchstwert von $\eta = 0{,}95$ bei K_n

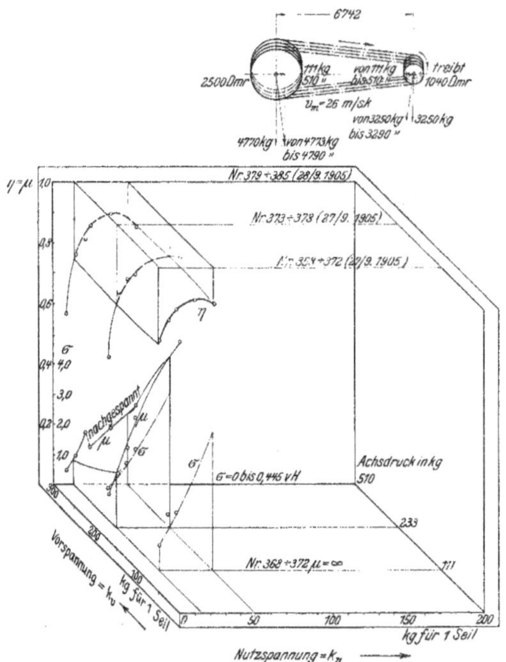

Fig. 156. I. Hauptgruppe. 4 Rundseile, 50 mm Dmr.

$= 100$ kg, während er bei 4 Seilen 0,90 beträgt und bei $K_n = 40$ kg liegt. Die
Linien der μ-Werte zeigen zum Teil sprunghaften Verlauf, weil einmal versäumt
wurde, die Nachspannung rechtzeitig zu bewirken; sie sind daher bei dieser
Gruppe unsicher.

II. Hauptgruppe:

1 und 4 Rundseile; Scheiben von 1500 mm Dmr. und 2500 mm Dmr.;
Parallelschaltung; ohne Spannrolle.

1 Seil; $v = 26{,}28$ m/sk;
unteres Trum zieht; Uebersetzung ins Langsame, Fig. 157.

Der Wirkungsgrad erreicht wieder den Wert 0,95 bei $K_n = 70$ bis 90 kg
und den Höchstwert 0,96 bei $K_n = $ rd. 110 kg. Gegenüber Fig. 154 der Hauptgruppe 1, die für gleiche Geschwindigkeit und Vorspannung gilt, und bei der
nur die treibende Scheibe 1040 Dmr. statt 1500 Dmr. hat, steigen die η-Kurven
früher an, erreichen aber dieselben Höchstwerte. Die μ-Linien steigen bis zu
$\mu = 0{,}5$ auf.

Aus dem Verlauf der η-Schichtenlinien, Fig. 158, erkennt man, daß bei gleichbleibender Nutzspannung K_n der Wirkungsgrad nahezu unveränderlich bleibt, so lange die Vorspannung zwischen 100 und 200 kg bleibt, und daß er mit noch weiter zunehmender Vorspannung bis $K_v = 300$ kg langsam sinkt.

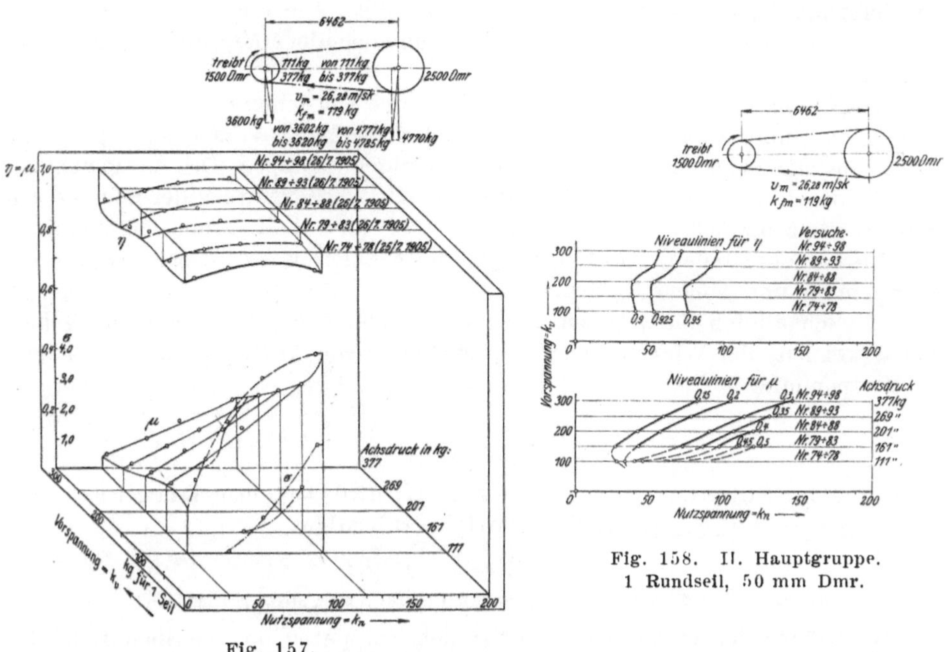

Fig. 157.
II. Hauptgruppe. 1 Rundseil, 50 mm Dmr.

Fig. 158. II. Hauptgruppe.
1 Rundseil, 50 mm Dmr.

4 Seile; $v = 26{,}2$ m/sk;
unteres Trum zieht; Uebersetzung ins Langsame, Fig. 159.

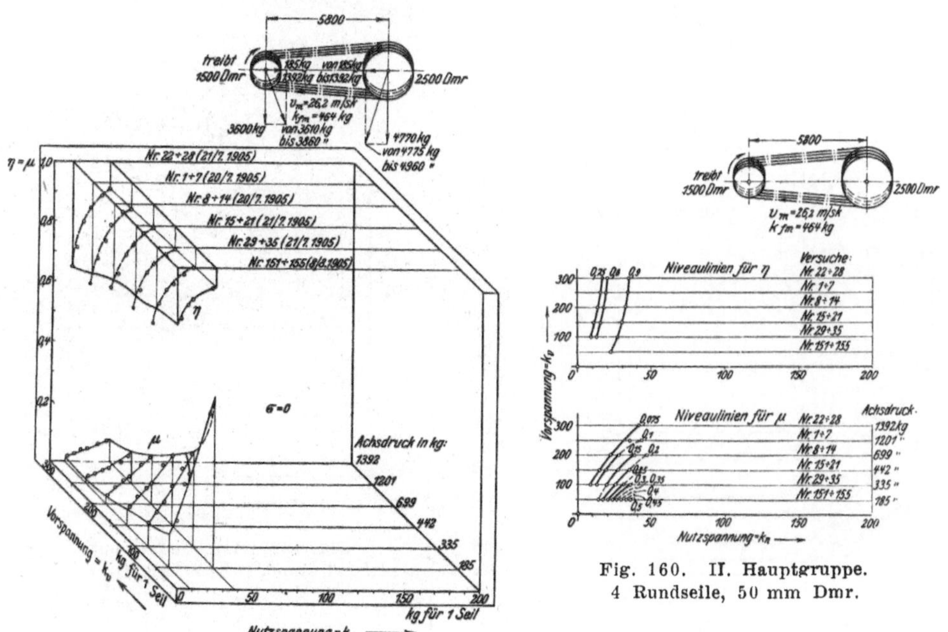

Fig. 159.
II. Hauptgruppe. 4 Rundseile, 50 mm Dmr.

Fig. 160. II. Hauptgruppe.
4 Rundseile, 50 mm Dmr.

Die Versuche konnten nur bis zu einer Nutzspannung von 40 kg für 1 Seil fortgeführt werden, weil von da an die Leistungsfähigkeit der Elektromotoren erschöpft war. Die Wirkungsgradkurven zeigen daher nur den ansteigenden Ast bis zu $\eta = 0{,}91$ bis $0{,}94$. Dabei ist zu erkennen, daß mit zunehmender Vorspannung der Wirkungsgrad langsam fällt. Die μ-Kurven steigen langsam mit abnehmendem K_v und rasch mit zunehmendem K_n, und zwar bis zu einem Höchstwert $\mu = 0{,}55$ bei $K_v = 50$ und $K_n = 40$.

Vergleicht man die η-Kurven dieser Gruppe mit denen der vorhergehenden Gruppe, so findet man, daß die η-Kurven der 4-seiligen Versuchsgruppe etwas früher ansteigen als die η-Linien der einseiligen Gruppe. Der Vergleich mit Fig. 156 der I. Hauptgruppe ergibt, daß die Wirkungsgrade bei der Scheibe von 1500 mm Dmr beträchtlich höher liegen als bei der Scheibe von 1000 mm Dmr.

Die Schichtenlinien, Fig. 160, zeigen für η einen Berg, dessen Gipfel bei niedrigem K_v und hohem K_n liegt.

Die Schaulinien für η lassen einen günstigsten Wert der Vorspannung hier nicht erkennen; der Wirkungsgrad fällt vielmehr von Anfang an mit zunehmender Vorspannung.

III. Hauptgruppe:

4 Rundseile; Scheiben von 1500 mm Dmr. und 2500 mm Dmr. Parallelschaltung; mit Spannrolle.

4 Seile; $v = 26{,}0$ m/sk;
unteres Trum zieht; Uebersetzung ins Langsame, Fig. 161.

Gegenüber der vorhergehenden Versuchsgruppe ist nur die Spannrolle hinzugekommen, alles Uebrige ist unverändert. Die Wirkungsgrade liegen bei der Spannrolle beträchtlich tiefer: sie gelangen bei $K_n = 40$ kg zu einem Wert von $\eta = 0{,}87$ gegenüber $\eta = 0{,}91$ bis $0{,}94$ der vorhergehenden Gruppe. Die μ-Kurven

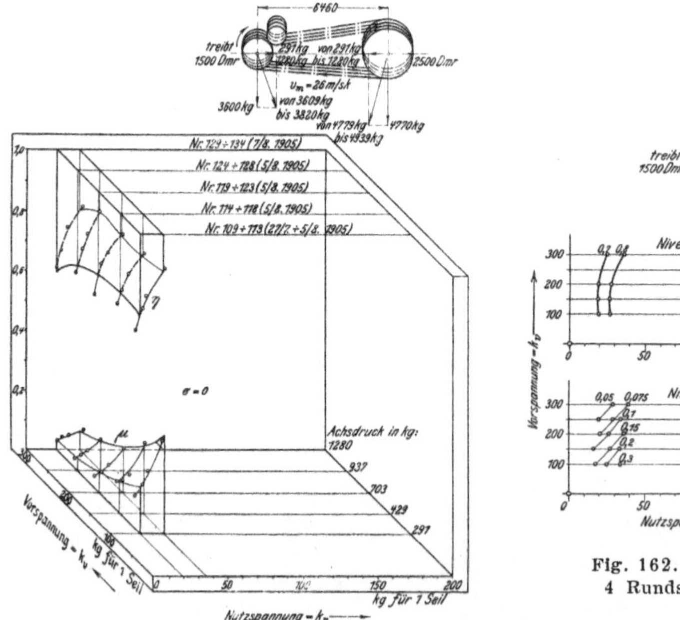

Fig. 161.
III. Hauptgruppe. 4 Rundseile, 50 mm Dmr.

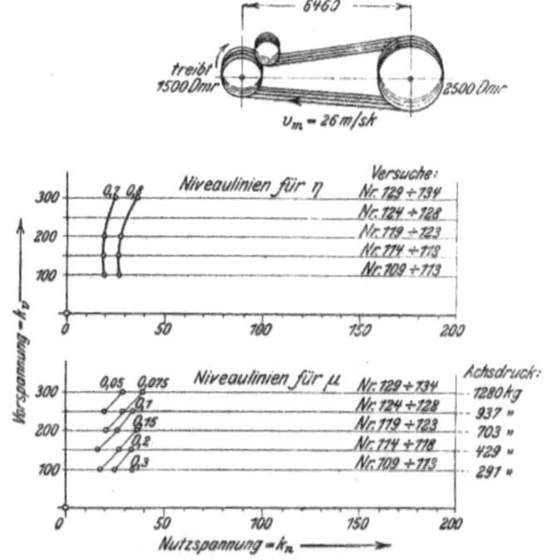

Fig. 162. III. Hauptgruppe.
4 Rundseile, 50 mm Dmr.

zeigen fast genau denselben Verlauf wie bei dieser; nur gelangen sie nicht zu so hohen Werten, weil die Vorspannung des ruhigen Laufes wegen nicht so weit ermäßigt werden konnte: $K_v = 100$ kg bei der Spannrolle gegen $K_v = 50$ kg ohne Spannrolle.

Die Darstellung dieser Gruppe in Schichtenlinien, Fig. 162, zeigt wieder einen sehr flachen Bergrücken für η, dessen schwach ausgeprägte Längsachse durch die Linie $K_c = 200$ kg für 1 Seil bezeichnet wird.

IV. Hauptgruppe:

1 und 4 Rundseile; Scheiben von je 2500 mm Dmr.; Parallelschaltung; ohne Spannrolle.

1 Seil; $v = 26{,}6$ m/sk; unteres Trum zieht, Fig. 163.

Die Wirkungsgradkurven zeigen bereits bei $K_n = 50$ bis 80 kg ein $\eta = 0{,}95$ und erreichen Höchstwerte von $0{,}96$ und $0{,}97$ bei $K_n = 90$ bis 140 kg. Die μ-Linien steigen sehr rasch mit zunehmender Nutzspannung an und erreichen Werte bis zu $\mu = 0{,}6$. Mit zunehmender Vorspannung fallen die μ-Kurven.

Vergleicht man die η-Kurven mit denen der Versuchsgruppe, Fig. 157 der Hauptgruppe II, die mit Seilscheibe von 1500 mm Dmr. statt von 2500 mm Dmr.

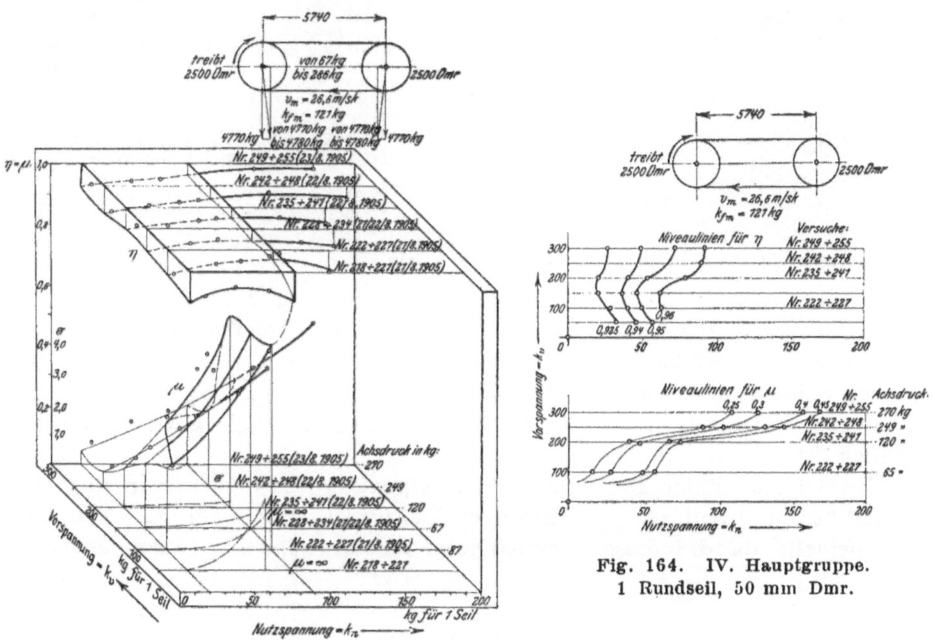

Fig. 164. IV. Hauptgruppe.
1 Rundseil, 50 mm Dmr.

Fig. 163.
IV. Hauptgruppe. 1 Rundseil, 50 mm Dmr.

aber sonst unter gleichen Bedingungen ausgeführt ist, so findet man, daß die Höchstwerte des Wirkungsgrades dieselben sind, daß aber bei der größeren Scheibe der Anstieg der η-Linien bereits bei niedrigerer Vorspannung erfolgt als bei der kleinen Scheibe.

Die Schichtenlinien der Wirkungsgradfläche, Fig. 164, zeigen wieder einen Bergrücken, dessen Längsachse durch die Linie $K_n = 150$ kg bezeichnet wird.

4 Seile; $v = 26{,}4$ m/sk; unteres Trum zieht, Fig. 165.

Die Wirkungsgradkurven, Fig. 165, erreichen Höchstwerte von 0,94 bis 0,96 bei $K_n = 40$ kg. Bei Ueberschreitung des Wertes $K_n = 40$ kg tritt bereits ein merkliches Abfallen des Wirkungsgrades bei allen Vorspannungen $\gtreqless K\ 200$ kg ein. Die μ-Linien liegen zum Teil beträchtlich über der Trennungslinie $\mu = 0{,}28$ und steigen bis zu einem Höchstwert $\mu = 0{,}9$ bei $K_v = 50$ kg und bei $K_n = 50$ kg.

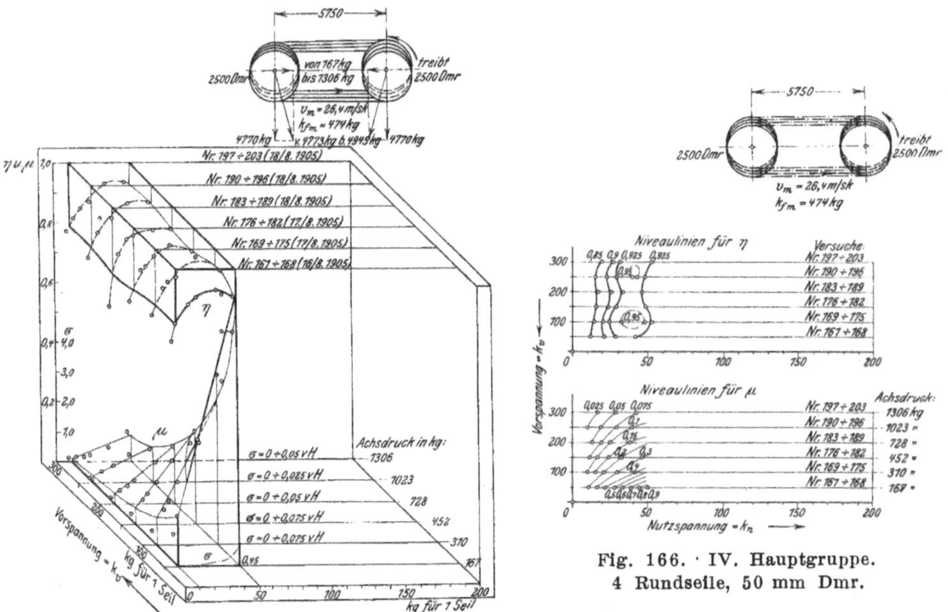

Fig. 166. · IV. Hauptgruppe.
4 Rundseile, 50 mm Dmr.

Fig. 165.
IV. Hauptgruppe.   4 Rundseile, 50 mm Dmr.

Vergleicht man die Ergebnisse mit denen von Fig. 159 der II. Hauptgruppe, S. 107, denen gegenüber lediglich der Durchmesser der einen Scheibe von 1500 mm auf 2500 mm vergrößert ist, so findet man, daß die Wirkungsgrade bei der größeren Scheibe durchweg beträchtlich höher liegen. Die μ-Werte der größeren Scheibe sind umso größer als die der kleinen Scheibe, je geringer die Vorspannung ist.

Die Schichtenlinien für η, Fig. 166, zeigen die Höchstwerte in der Linie $K_v = 100$ kg für 1 Seil. Ob ein zweiter Höchstwert von η bei $K_v = 250$ liegt, ist zweifelhaft, da die dieser Vorspannung entsprechenden η-Linien etwas unsicher sind.

V. Hauptgruppe:

1 und 4 Trapezseile; Scheiben von 1040 mm Dmr. und 2500 mm Dmr.;
Parallelschaltung; ohne Spannrolle.

1 Seil; $v = 26$ m/sk;
unteres Trum zieht; Uebersetzung ins Langsame;
oberes Trum zieht; Uebersetzung ins Langsame, Fig. 167.

Die Wirkungsgradlinien stimmen in beiden Fällen fast genau überein; η erreicht einen Höchstwert $= 0{,}95$ bei $K_n = 100$ kg und $K_v = 250$ kg. Die Linien für die Reibungswerte liegen dicht neben einander; es war von vornherein zu erwarten, daß bei Seilen die Lage des ziehenden Trums keinen bemerkbaren Einfluß ausüben würde. μ erreicht Werte bis zu 0,4. Der Vergleich mit Fig. 154

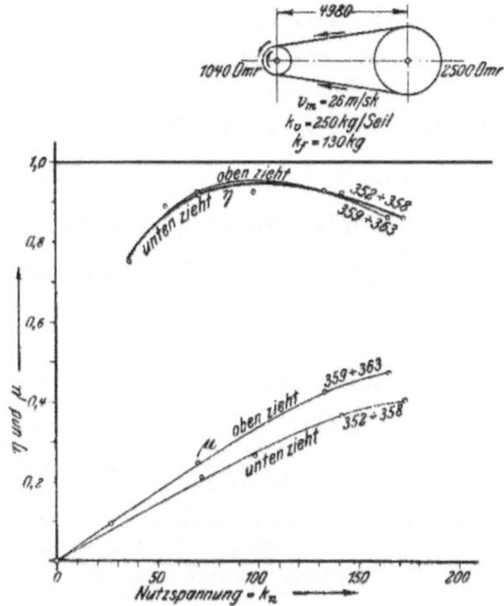

Fig. 167. V. Hauptgruppe. 1 Trapezseil.

der I. Hauptgruppe, S. 105, ergibt, daß der Wirkungsgrad des Trapezseiles um ein Geringes tiefer liegt als der des Rundseiles, $\eta = 0{,}93$ gegen 0,95.

1 und 4 Seile; $v = 26$ m/sk;

oberes Trum zieht; Uebersetzung ins Langsame, Fig. 168.

Während bei 1 Seil der Wirkungsgrad seinen Höchstwert bei 0,94 bei $K_n = 100$ kg erreicht, kommt η bei 4 Seilen bereits bei $K_n = 40$ kg auf einen Höchstwert von nur 0,82. Der weitere Verlauf der η-Kurve ist unsicher. Die μ-Werte sind für 1 und 4 Seile nahezu gleich.

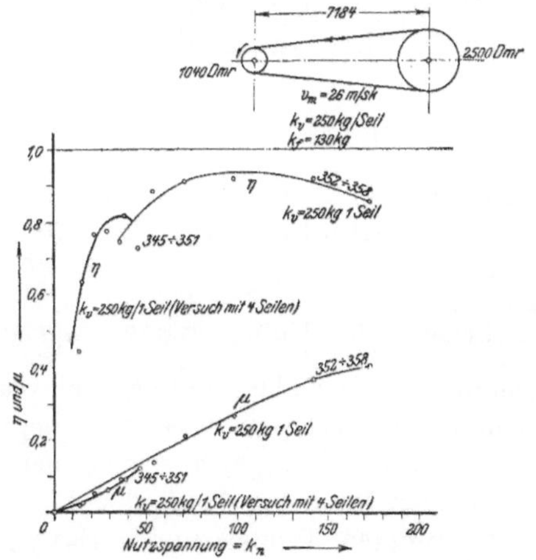

Fig. 168. V. Hauptgruppe. 1 und 4 Trapezseile.

Der Vergleich mit Fig. 156 der II. Hauptgruppe, S. 106, ergibt wieder ein tieferes η für 4 Trapezseile mit $\eta = 0{,}82$ und $K_v = 250$ kg für ein Seil, gegen 4 Rundseile mit $\eta = 0{,}90$ und $K_v = 300$ kg für ein Seil.

VI. Hauptgruppe:

1, 2 und 4 Trapezseile; Scheiben von je 2500 mm Dmr.; Parallelschaltung; ohne Spannrolle, Fig. 169.

$v = 26$ und 39 m/sk; unteres Trum zieht.

Die Wirkungsgradlinie bei 1 Seil hat einen Höchstwert von $\eta = 0{,}96$ bei
$K_n = 130$ bis 180 kg; bei 2 Seilen erreicht η den Wert $0{,}925$ bei $K_n = 70$ kg; die
η-Kurve des 4-seiligen Triebes befindet sich noch auf dem ansteigenden Ast.

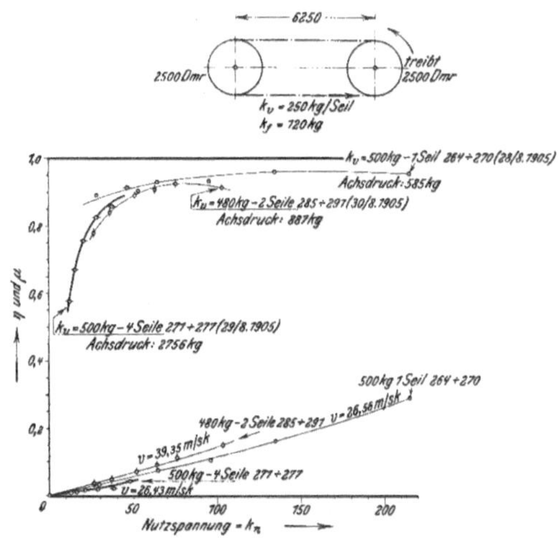

Fig. 169. VI. Hauptgruppe. 1, 2 und 4 Trapezseile.

Der Vergleich mit der 1-seiligen Gruppe Fig. 157 und der 4-seiligen
Gruppe Fig. 159 der II. Hauptgruppe, S. 107, ergibt in beiden Fällen eine tiefere
Lage der Wirkungsgradlinie beim Trapezseil.

VII. Hauptgruppe:

1 Rundseil; Scheiben von 1040 mm Dmr. und 2500 mm Dmr.;
Kreisseilschaltung, Fig. 170.

$v = 26{,}0$ m/sk;
oberes Trum zieht; Uebersetzung ins Langsame.

Die Wirkungsgradkurven erreichen bereits bei einer Nutzspannung von
$K_n = 40$ bis 50 kg einen Höchstwert von $0{,}89$ und beginnen dann zu fallen.
Die μ-Werte liegen alle unter $0{,}28$, da geringere Vorspannungen wie 125 kg für
ein Seil nicht gegeben werden konnten, damit der Lauf ruhig blieb. Der Vergleich mit Fig. 156 des 4-seiligen Triebes der I. Hauptgruppe, S. 106, ergibt,
daß der Kreisseiltrieb einen beträchtlich geringeren Wirkungsgrad hat als der
Parallelseiltrieb.

Die Darstellung in Schichtenlinien, Fig. 171, zeigt, daß hier die Vorspannung nur einen geringeren Einfluß auf den Wirkungsgrad ausübt: innerhalb der
Vorspannung von 125 bis 200 kg für ein Seil ändert sich η fast gar nicht, erst
bei höherer Vorspannung beginnt der Wirkungsgrad sich zu vermindern.

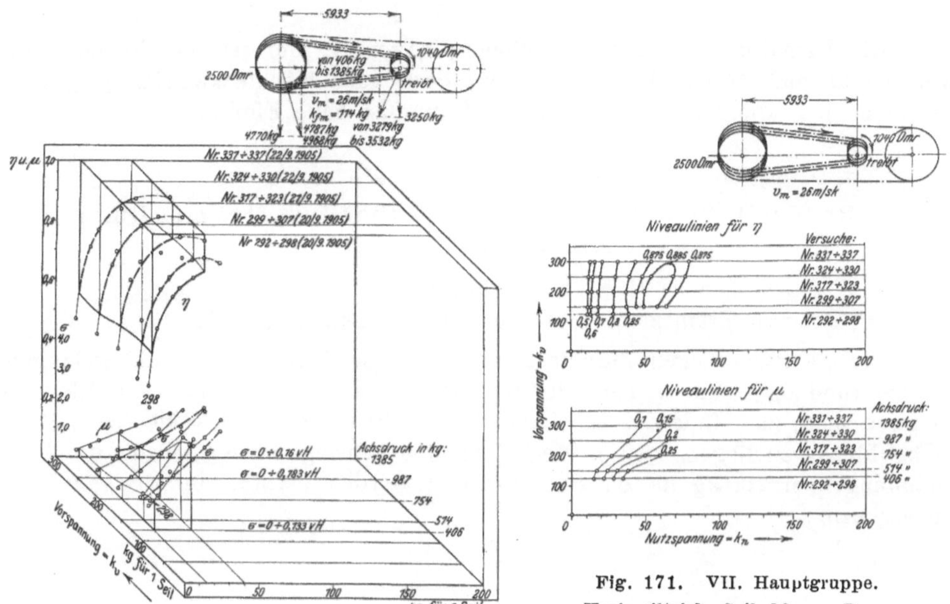

Fig. 170.
VII. Hauptgruppe. Kreisseiltrieb, Seil 50 mm Dmr.

Fig. 171. VII. Hauptgruppe.
Kreisseiltrieb, Seil 50 mm Dmr.

$$v = 26 \text{ m/sk};$$

oberes Trum zieht; Uebersetzung ins Langsame;

unteres Trum zieht; Uebersetzung ins Langsame, Fig. 172.

Die Gegenüberstellung zeigt, daß sowohl die Kurven der Wirkungsgrade wie die der Reibungswerte fast genau zusammenfallen: die Lage des ziehenden Trums beeinflußt also beim Kreisseiltrieb weder die Wirtschaftlichkeit noch die Uebertragungsfähigkeit.

$$v = 26 \text{ m/sk};$$

oberes Trum zieht; Uebersetzung ins Langsame;

unteres Trum zieht; Uebersetzung ins Langsame, Fig. 173.

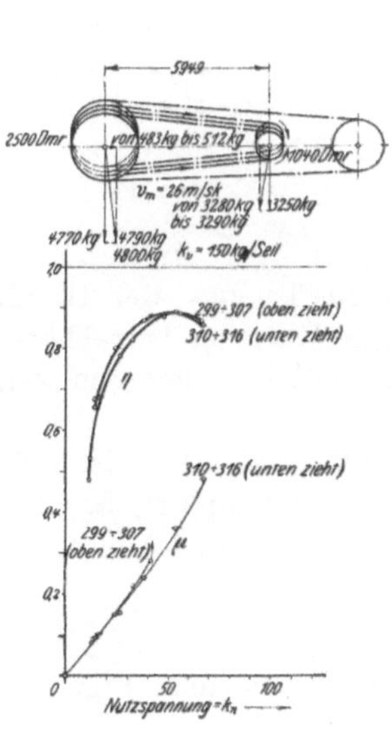

Fig. 172. VII. Haupt-
gruppe. Kreisseiltrieb, Seil
50 mm Dmr.

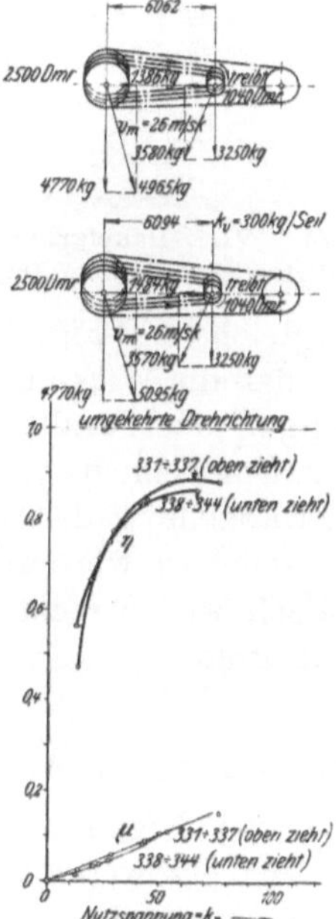

Fig. 173. VII. Hauptgruppe. Kreisseiltrieb,
Seil 50 mm Dmr.

Die Verhältnisse sind die gleichen wie vorher, nur ist die Vorspannung von 500 kg auf 300 kg für ein Seil verringert; auch hier decken sich die η- und μ-Linien, d. h. die Lage des ziehenden Trums ist ohne Einfluß.

VIII. Hauptgruppe:

1 Rundseil; Scheiben von 1500 mm Dmr. und 2500 mm Dmr.; Kreisseilschaltung.

$$v = 26{,}21 \text{ m/sk};$$

oberes Trum zieht; Uebersetzung ins Langsame, Fig. 174.

Die η-Kurven liegen durchweg noch im ansteigenden Ast und gelangen bis zu rund 0,9; eine weitere Steigerung der Belastung ließen die Elektromotoren nicht zu. Indessen scheinen die Höchstwerte nicht weit über $K_n = 50$ kg hinaus zu liegen. Die μ-Werte liegen durchweg unter 0,28, da die Vorspannung über 125 kg für ein Seil gehalten werden mußte, um ruhigen Lauf zu erzielen.

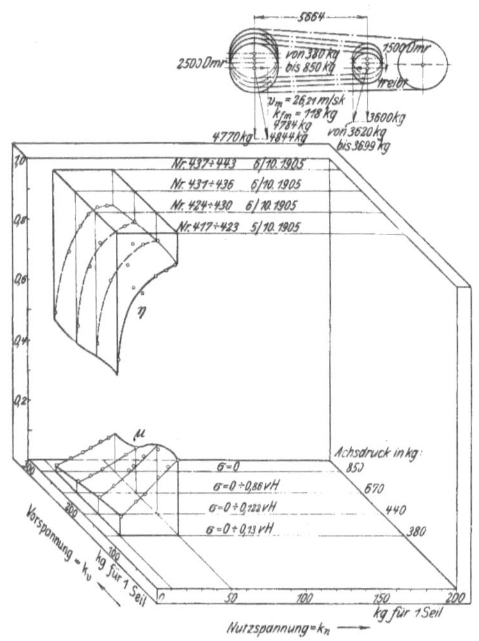

Fig. 174.   VIII. Hauptgruppe.
Kreisseiltrieb, Seil 50 mm Dmr.

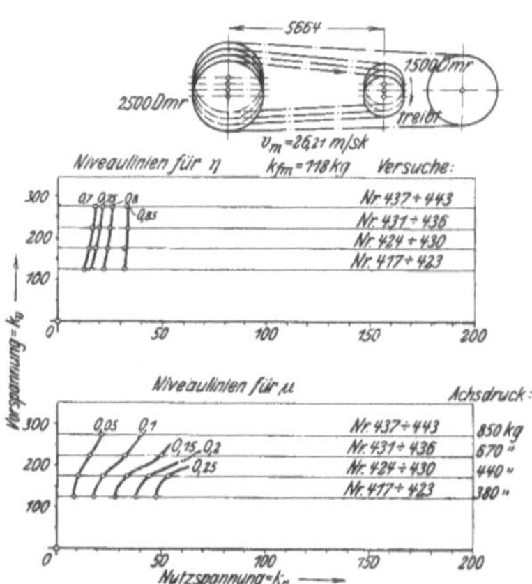

Fig. 175.   VIII. Hauptgruppe.
Kreisseiltrieb, Seil 50 mm Dmr.

Der Vergleich mit Fig. 159 des 4-seiligen Triebes der II. Hauptgruppe, S. 107, ergibt, daß die Wirkungsgrade des Kreisseiltriebes beträchtlich tiefer liegen als diejenigen der Parallelschaltung. Die μ-Werte dagegen zeigen keinen nennenswerten Unterschied.

Aus der Darstellung der Schichtenlinien für η, Fig. 175, ist ersichtlich, daß ihr Verlauf derselbe ist wie auf Fig. 160 der Hauptgruppe II, S. 107; nur liegen sie beim Kreisseil weiter rechts, das heißt der Kreisseiltrieb hat einen weniger guten Wirkungsgrad.

$$v = 39{,}45 \text{ m/sk};$$

oberes Trum zieht; Uebersetzung ins Langsame, Fig. 176.

Die η-Kurven liegen noch ganz im ansteigenden Ast, die Höchstwerte konnten nicht erreicht werden, weil die Elektromotoren eine höhere Belastung nicht zuließen.

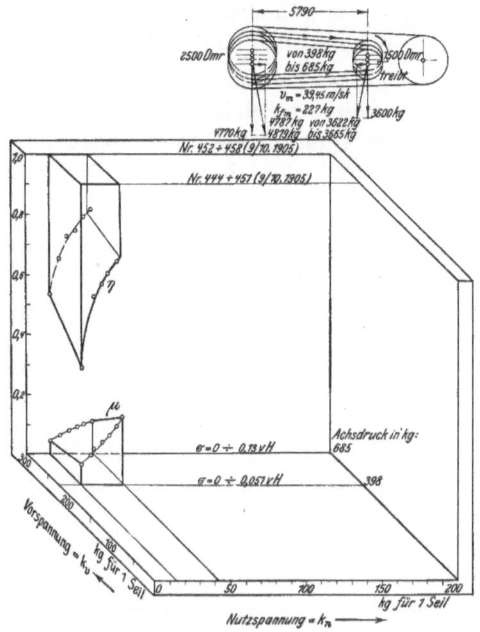

Fig. 176. VIII. Hauptgruppe. Kreisseiltrieb, Seil 50 mm Dmr.

$$v = 39 \text{ m/sk};$$

unteres Trum zieht; Uebersetzung ins Langsame;
unteres Trum zieht; Uebersetzung ins Schnelle;
oberes Trum zieht; Uebersetzung ins Langsame, Fig. 177.

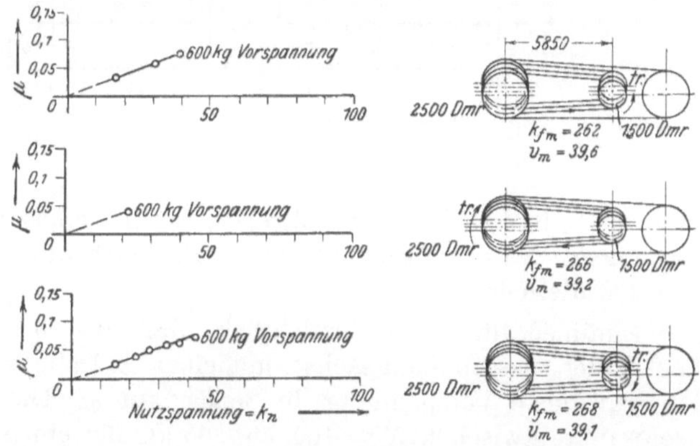

Fig. 177. VIII. Hauptgruppe. Kreisseiltrieb, Seil 50 mm Dmr.

Aus dem Vergleich der drei Fälle ist zu sehen, daß weder die Lage des ziehenden Trums noch die Uebersetzung auf die Größe von μ beim Kreisseiltrieb irgend einen Einfluß ausübt.

28) Höchstwerte der Seilwirkungsgrade.

Die η-Kurven der axonometrischen Darstellungen hängen in ihrem Verlauf durchaus von der Anzahl der Seile ab; liegt nur 1 Seil auf den Scheiben, so zeigen die η-Linien einen sehr flachen Verlauf, sie bleiben von $K_n = 50$ bis etwa $K_n = 150$ nahezu wagerecht und liegen sehr hoch. Sind dagegen 4 Seile in

Parallelschaltung aufgelegt, so steigen die η-Linien sehr rasch zu einem Höchstwert auf, den sie bei $K_n = 40$ erreichen und fallen dann sofort merklich ab.

Um ein einheitliches Bild zu gewinnen, wurden in Fig. 178 die η-Kurven sämtlicher Versuche übereinander gezeichnet und das so entstandene Linienbüschel durch eingezeichnete Umhüllungslinien abgegrenzt. Man erkennt aus dieser Darstellung deutlich den flachen Verlauf der Kurven für 1 Seil und die

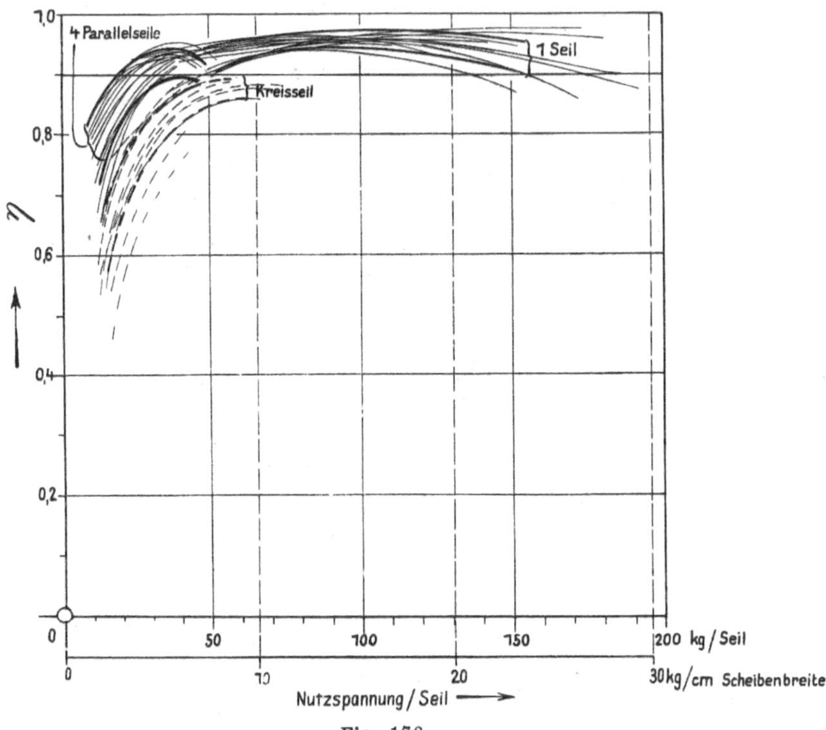

Fig. 178.

kurze Umbiegung der η-Linien für 4 Parallelseile. Ein drittes Büschel kennzeichnet die Wirkungsgrade des Kreisseiltriebes, die beträchtlich tiefer liegen als diejenigen der Parallelseile

Aus den Niveaulinien für η war ersichtlich, daß die η-Fläche zumeist einen Bergrücken bildet, dessen Längsachse mit einer K_v-Linie zusammenfällt: es gibt also eine günstigste Vorspannung in Bezug auf η. Die Größe dieses günstigsten K_v schwankte zwischen $K_v = 100$ bis 200 kg für ein Seil.

29) Höchstwerte der Seilreibung.

Grenzwerte von μ, das heißt solche Werte von μ, bei denen ein Gleitschlupf eintritt, kamen in den axonometrischen Darstellungen sehr selten vor; in die Fig. 179 sind daher nicht nur diese Grenzwerte, sondern die bei den Versuchen überhaupt vorgekommenen höchsten Werte von μ eingetragen. Die Kreise bedeuten Rundseile, die Dreiecke Trapezseile; die eingeschriebenen Zahlen geben die Seilgeschwindigkeiten an; als Abszissen sind die Scheibendurchmesser aufgetragen. Man erkennt aus dieser Darstellung, daß mit zunehmendem Scheibendurchmesser auch der Reibungswert steigt.

Da die Mehrzahl der Seilversuche mit der Geschwindigkeit $v = 26$ m/sk und nur wenige mit $v = 39$ m/sk ausgeführt sind, so läßt sich der Einfluß der Geschwindigkeit auf den Reibungswert nicht deutlich erkennen. Immerhin ist

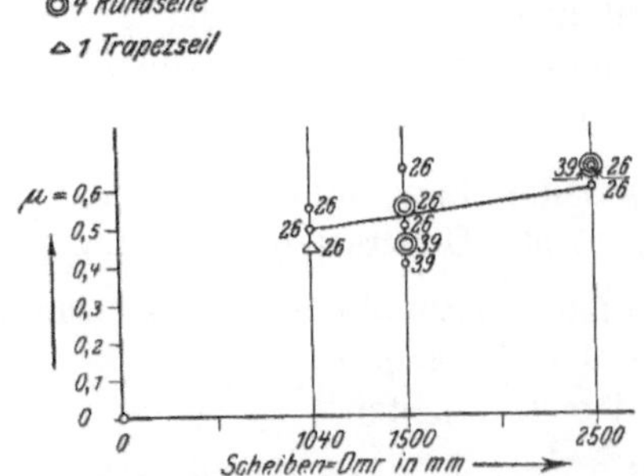

Fig. 179. Höchstwerte von μ für Seile.

aus Fig. 179, die auch einige Höchstwerte von μ für $v = 39$ m/sk enthält, zu entnehmen, daß bei Seilen der Reibungswert nicht wie bei Riemen mit zunehmender Geschwindigkeit steigt, sondern unverändert bleibt.

30) Einfluß der Seilgeschwindigkeit.

In jeder Hauptgruppe wurden die Versuche mit gleicher Vorspannung zu einem axonometrischen Schaubild vereinigt, in dem als Abszissen von vorn nach hinten die Seilgeschwindigkeiten v, als Abszissen von links nach rechts die Nutzspannungen K_n und als Ordinaten die Werte von η, μ und σ aufgetragen wurden.

II. Hauptgruppe:

1 Seil; $K_v = 150$ kg;

unteres Trum zieht; Uebersetzung ins Langsame, Fig. 180.

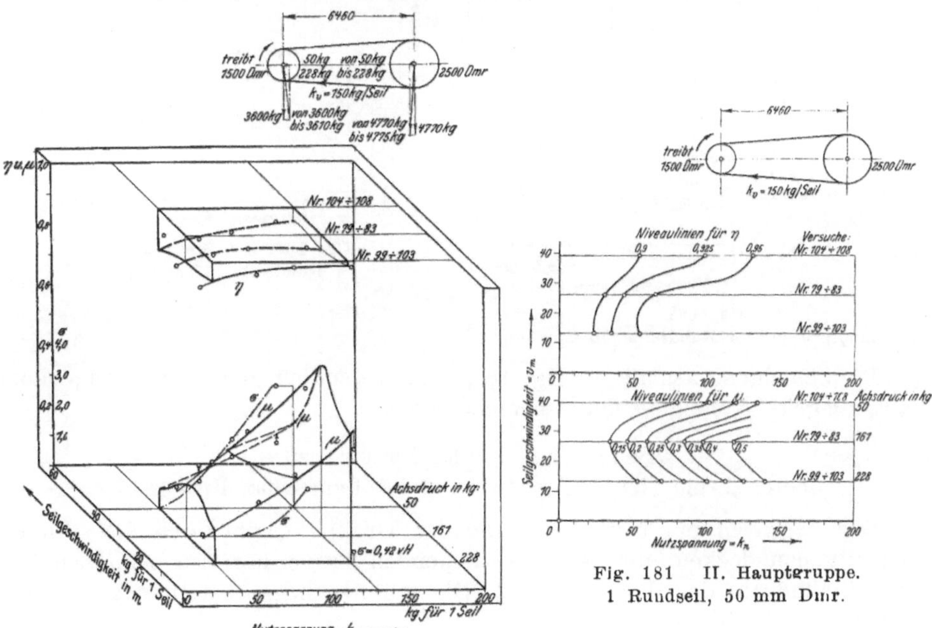

Fig. 180.
II. Hauptgruppe. 1 Rundseil, 50 mm Dmr.

Fig. 181 II. Hauptgruppe.
1 Rundseil, 50 mm Dmr.

Der Wirkungsgrad fällt bei Zunahme der Geschwindigkeit von 13 bis 39 m/sk von 0,94 bis 0,87 bei $K_n = 40$ kg und von 0,98 bis 0,96 bei $K_n = 130$ kg. Die Fläche der Reibungswerte bildet einen Bergrücken mit der Längsachse $v = 26$ m/sk.

Aus den Schichtenlinien, Fig. 181, ist das Fallen von η bei steigendem v besonders deutlich erkennbar, ebenso das Verhalten der μ-Werte, das auf den eigenartigen Einfluß der Fliehspannung zurückzuführen ist.

4 Seile; $K_v = 150$ kg für ein Seil;
unteres Trum zieht; Uebersetzung ins Langsame, Fig. 182.

Der Wirkungsgrad fällt bei Zunahme der Geschwindigkeit von 20 bis 40 m/sk von 0,95 bis 0,88. Die Werte von μ steigen naturgemäß mit zunehmender Geschwindigkeit, weil in dem Quotienten

$$e^{\mu\omega} = \frac{K_v - K_f + {}^1/_2\, K_n}{K_v - K_f - {}^1/_2\, K_n}$$

mit zunehmendem v auch K_f größer wird, $e^{\mu\omega}$ also rasch zunimmt und damit auch μ.

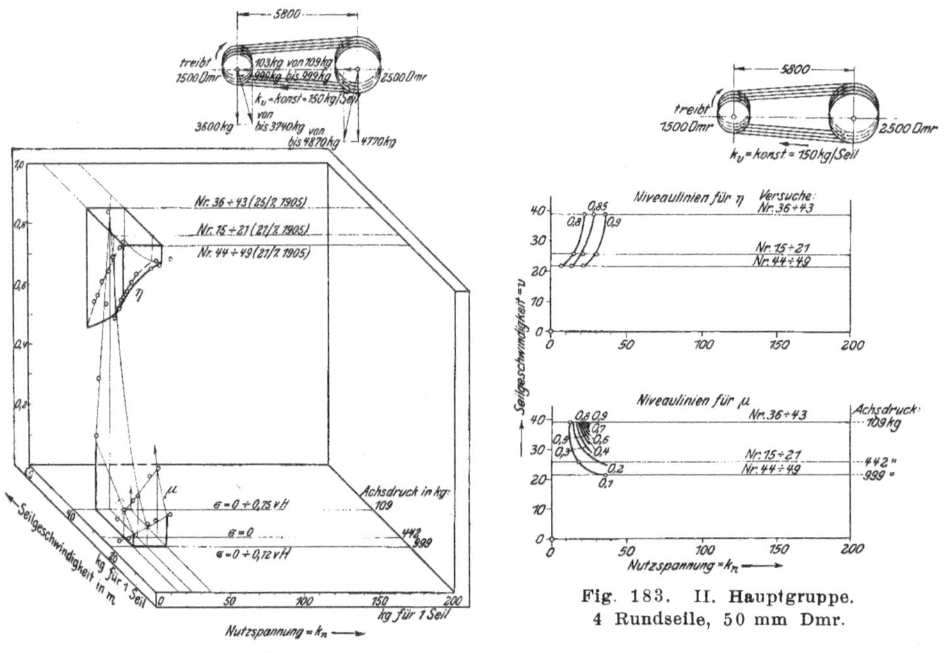

<table>
<tr><td align="center">Fig. 182.
II. Hauptgruppe.   4 Rundseile, 50 mm Dmr.</td><td align="center">Fig. 183. II. Hauptgruppe.
4 Rundseile, 50 mm Dmr.</td></tr>
</table>

Die Schichtenlinien für η, Fig. 168, zeigen deutlich, daß η mit steigendem v fällt; umgekehrt steigt μ mit zunehmendem v.

4 Seile; $K_v = 150$ kg für ein Seil;
oberes Trum zieht; Uebersetzung ins Langsame, Fig. 184.

Der Vergleich mit der vorhergehenden Gruppe ergibt, daß die η-Linien sich fast genau decken: die Lage des ziehenden Trums hat also beim Seiltrieb keinen Einfluß auf den Wirkungsgrad. Die μ-Linien liegen bei unten ziehendem Trum um ein Geringes höher.

Das Gleiche zeigt ein Vergleich der Schichtenlinien für η und μ, Fig. 185.

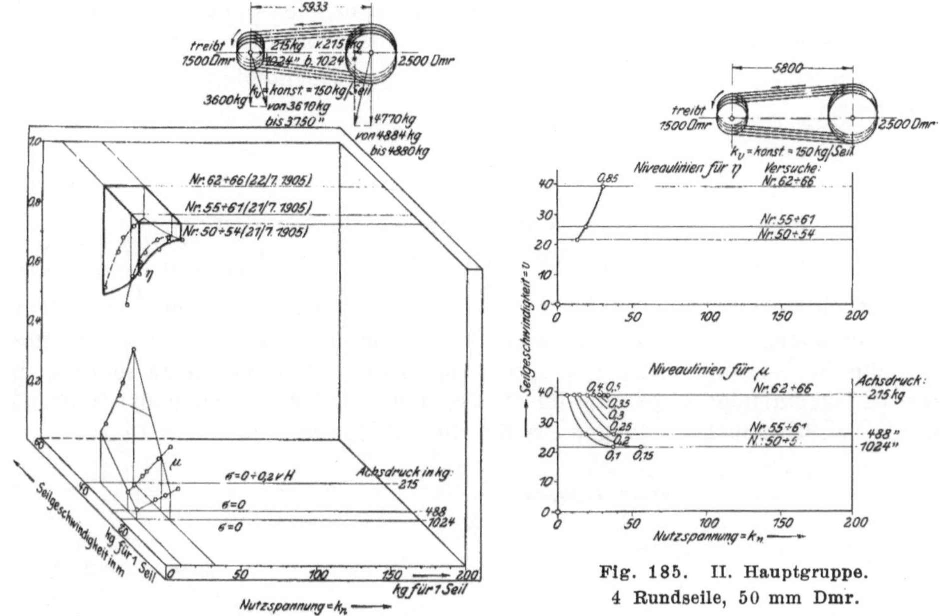

Fig. 184.
II. Hauptgruppe. 4 Rundseile, 50 mm Dmr.

Fig. 185. II. Hauptgruppe.
4 Rundseile, 50 mm Dmr.

III. Hauptgruppe:

4 Seile; $K_v = 150$ kg für ein Seil;
unteres Trum zieht; Uebersetzung ins Langsame, mit Spannrolle, Fig. 186.

Auch hier fällt der Wirkungsgrad mit steigender Geschwindigkeit, und zwar von $\eta = 0{,}93$ bei $v = 13$ auf $\eta = 0{,}90$ bei $v = 39$. Der Vergleich mit Fig. 182

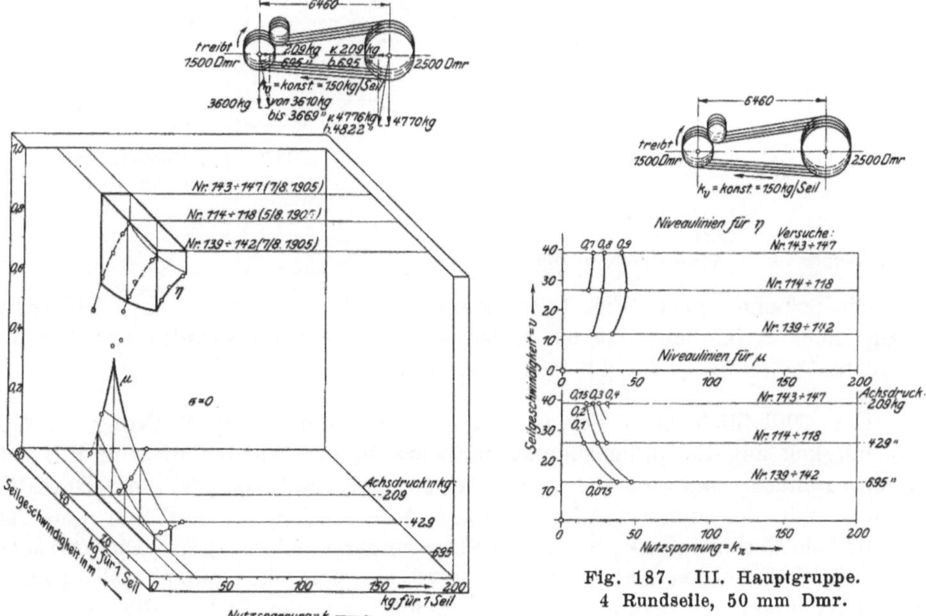

Fig. 186.
III. Hauptgruppe. 4 Rundseile, 50 mm Dmr.

Fig. 187. III. Hauptgruppe.
4 Rundseile, 50 mm Dmr.

von Gruppe II zeigt, daß die Wirkungsgrade bei der Spannrolle beträchtlich tiefer liegen und daß die μ-Werte bei der Spannrolle nur wenig größer sind.

Das letztere ist besonders deutlich aus den Schichtenlinien für μ, Fig. 187, ersichtlich.

IV. Hauptgruppe:

4 Seile; $K_v = 150$ kg für ein Seil;
unteres Trum zieht; Uebersetzung 1 : 1, Fig. 188.

Auch hier ist ein deutliches Fallen des Wirkungsgrades von $\eta = 0{,}95$ bis $0{,}89$ mit zunehmendem v bemerkbar ($v = 13$ bis 39). Deutlich ist erkennbar, daß die Höchstwerte von η bei $K_n = 40$ kg liegen. Der Vergleich mit Fig. 182 der II. Hauptgruppe zeigt, daß für die Scheibe von 2500 mm Dmr. die Wirkungsgrade beträchtlich höher liegen als für die Scheibe von 1500 mm Dmr.

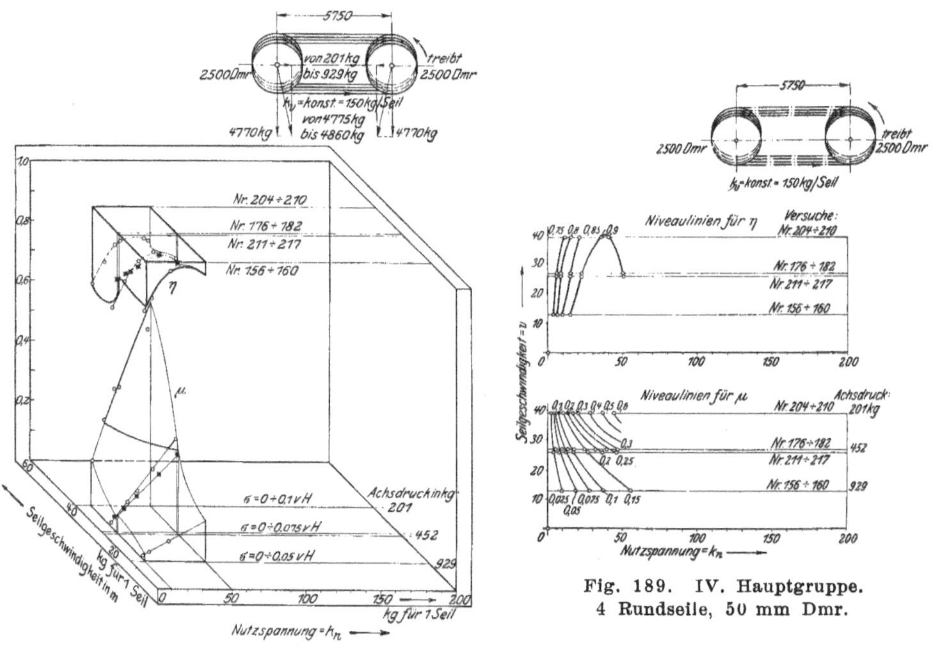

Fig. 188.
IV. Hauptgruppe. 4 Rundseile, 50 mm Dmr.

Fig. 189. IV. Hauptgruppe.
4 Rundseile, 50 mm Dmr.

Die Schichtenlinien, Fig. 189, lassen dies ebenfalls erkennen. Außerdem ist aus ihnen ersichtlich, daß ein Höchstwert des Wirkungsgrades von $0{,}98$ bei $v = 13$ und $K_n = 38$ kg für ein Seil erreicht wird.

Um schließlich noch ebenso wie bei den Riemen die Wirkung der Geschwindigkeit auf die Auflaufspannungen darzustellen, wurden diese in Fig. 190 für ein Rundseil auf Scheibe von 1500 mm Dmr. und von 2500 mm Dmr. für Versuche mit der gleichen Vorspannung $K_v = 250$ kg für ein Seil und für verschiedene Geschwindigkeiten und Nutzspannungen aufgetragen. Die Versuche mit einem Seil wurden hierzu gewählt, weil sie sich über einen viel weiteren Belastungsbereich erstreckten als die Versuche mit vier Seilen, die mit Rücksicht auf die Elektromotoren nicht über eine Nutzspannung von 50 kg hinaus angestellt werden konnten.

Die oberste Linie gibt die Spannung $K_v + {}^1/_2\,K_n$ im ziehenden Trum an, die naturgemäß in gleichem Verhältnis mit K_n steigt, da K_v unveränderlich ist. Die unmittelbar unterhalb dieser gezogenen dünnen Linien geben für das ziehende Trum bei $v = 13$ m/sk die rechnungsmäßige Auflaufspannung $K_v - K_f + {}^1/_2\,K_n$

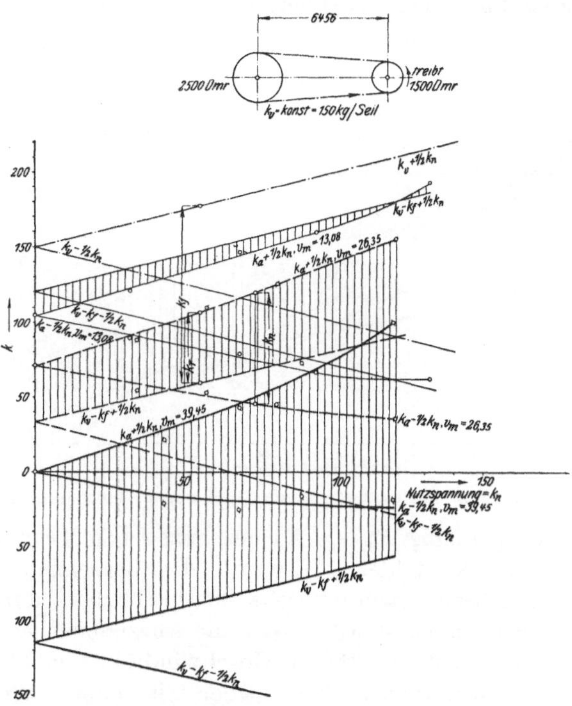

Fig. 190.   Auflaufspannungen, 1 Rundseil, 50 mm Dmr.

und die gemessene Auflaufspannung $K_a + {}^1/_2\,K_n$ an. Bei einer Nutzspannung bis zu $K_n = 120$ kg ist die gemessene Spannung kleiner, bei mehr als $K_n = 120$ kg dagegen größer als die rechnungsmäßige. Die zwischen den beiden Werten bleibende Restspannung ist durch Schraffur hervorgehoben. In gleicher Weise sind die berechnete und beobachtete Auflaufspannung des gezogenen Trums durch dünn gezogene Linien für $v = 13$ m/sk dargestellt.

Für die Seilgeschwindigkeit von 26 m/sk sind die Auflaufspannungen durch dick gestrichelte Linien veranschaulicht. Bei dieser Geschwindigkeit liegt die gemessene Spannung durchweg beträchtlich über der rechnungsmäßigen.

Die dick gezogenen Linien stellen schließlich die Auflaufspannungen für $v = 39$ m/sk dar. Hier ist der Unterschied zwischen Messung und Rechnung ganz besonders hoch: die Restspannung beträgt hier mehr als 100 kg. Bei dieser Geschwindigkeit würde das leerlaufende Seil rechnungsmäßig eine Spannung $k_v - k_f = 150 - 265 = -115$ haben müssen, während tatsächlich die Spannung $k_a = 0$ beobachtet wurde.

Da die gemessene Auflaufspannung des gezogenen Trums größer ist als die berechnete, da also die Linie der ersteren die Abszissenachse bei höherer Nutzspannung durchschneidet, als die Rechnung erwarten läßt, so fällt die Uebertragungsfähigkeit höher aus, als nach der üblichen Annahme zu vermuten ist.

Ein Querschnitt durch das eben besprochene Diagramm ist in Fig. 191 dargestellt, und zwar ist der Schnitt bei der Abszisse $K_n = 60$ kg geführt; es gelten also alle Werte der neuen Figur für gleiche Vorspannung $K_v = 150$ kg und für gleiche Nutzspannung $K_n = 60$ kg.

Die Spannung im ziehenden Trum $K_v + {}^1/_2 K_n$ erscheint daher jetzt als eine Parallele zur Abszissenachse, auf der die Seilgeschwindigkeit als Maß aufgetragen ist. Die gemessene Auflaufspannung $K_a + {}^1/_2 K_n$ des ziehenden Trums liegt bei v bis zu 16 m/sk unterhalb der berechneten $K_v - K_f + {}^1/_2 K_n$, bei höherer Geschwindigkeit aber umso mehr darüber, je höher v ist. Das gleiche gilt für die

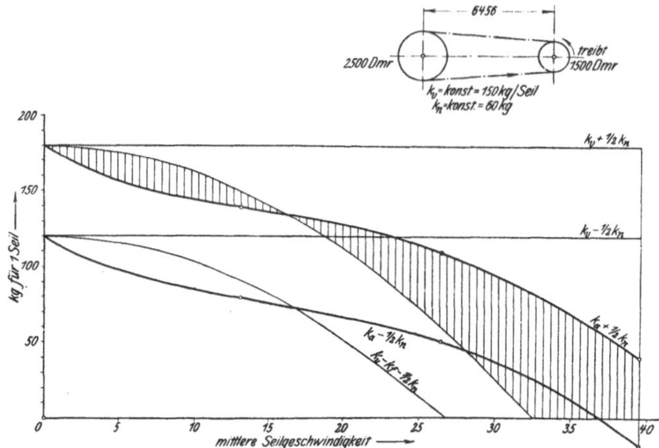

Fig. 191. Auflaufspannungen, 1 Rundseil, 50 mm Dmr.

beobachtete Auflaufspannung $K_a - {}^1/_2 K_n$ des gezogenen Trums, die eine Aequidistante im Abstand K_n bildet. Während die berechnete Auflaufspannung $K_v - K_f - {}^1/_2 K_n$ die Abszissenachse bereits bei $v = 27$ m/sk durchschneidet, trifft die gemessene Auflaufspannung $K_a - {}^1/_2 K_n$ die Abszissenachse erst bei 37 m/sk. Es wird daher eine wesentlich größere Geschwindigkeit möglich, ohne daß die Vorspannung erhöht zu werden braucht. Oder mit anderen Worten: die Fliehkraft der Seile hat tatsächlich keinen so großen Einfluß, wie die Rechnung unter den bisherigen Voraussetzungen ihn ergeben würde.

Aus den unmittelbaren Vergleichen der axonometrischen Darstellungen hatte sich ergeben, daß der Wirkungsgrad durchweg mit zunehmender Geschwindigkeit langsam fällt; diese Erscheinung unterscheidet den Seiltrieb vom Riementrieb. Eine Geschwindigkeit von mehr als 25 m/sk wird also beim Seiltrieb nur dort gerechtfertigt sein, wo der Kraftverbrauch nicht von Bedeutung ist.

31) Einfluß des Seilscheibendurchmessers.

Aus den Seilversuchen sind für verschiedene Durchmesser alle Versuche mit gleicher Seilgeschwindigkeit 26 m/sk und übereinstimmender Vorspannung $K_v = 150$ kg/sk in Fig. 192 und 193 zusammengestellt worden. Man erkennt aus dieser Darstellung ohne weiteres, daß mit zunehmendem Durchmesser sowohl der Wirkungsgrad wie der Reibungswert steigt. Letztere Beobachtung berechtigt dazu, die Nutzspannung der Seile bei Scheiben von größerem Durchmesser höher zu wählen als bei kleineren Scheiben.

32) Einfluß der Seilzahl.

Die Versuche mit einem Rundseil ergaben in der I., II. und IV. Hauptgruppe, daß der Höchstwert des Wirkungsgrades 0,95 bis 0,97 bei einer Nutzspannung von 90 bis 140 kg erreicht wird; bei vier Rundseilen dagegen tritt der

Höchstwert von 0,9 bis 0,95 bereits bei $K_n = 40$ kg ein. Der Verlauf der Kurve nach Erreichung des Höchstwertes ist bei den Versuchen mit vier Seilen zwar nur angedeutet, aber doch deutlich erkennbar. Diese Erscheinung ist noch klarer aus Fig. 178, S. 116 erkennbar, in der die Wirkungsgrade aus allen Versuchen

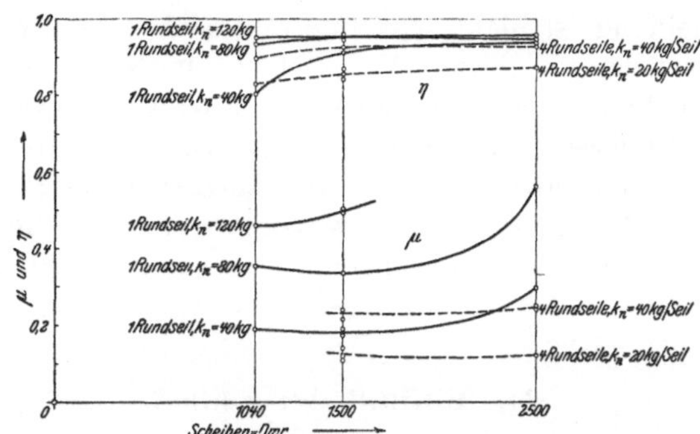

Fig. 192. Einfluß des Scheibendurchmessers auf η und μ. Parallelschaltung.
$K_v = 150$ kg/Seil; $v = 26$ m/sk.

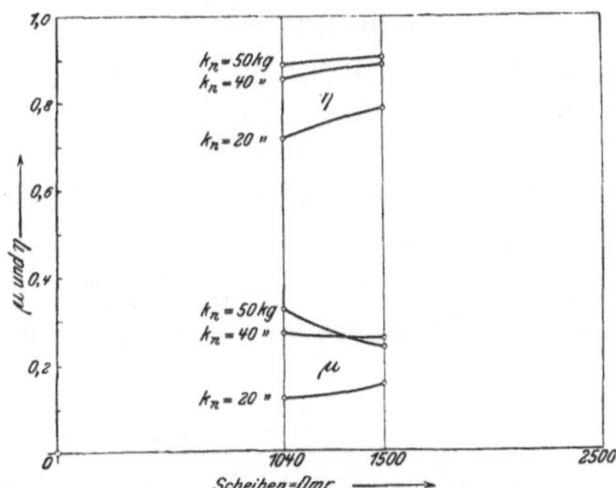

Fig 193. Einfluß des Scheibendurchmessers auf η und μ. Kreisseilschaltung.
$K_v = 150$ kg/Seil, $v = 26$ m/sk.

übereinander gezeichnet sind. Man wird daher aus wirtschaftlichen Gründen die Belastung für ein Seil zweckmäßig um so kleiner halten, je größer die Anzahl der Seile ist.

Die Versuche mit einem Trapezseil ergaben in der V. und VI. Hauptgruppe, daß der Höchstwert von $\eta = 0,94$ bis $0,96$ bei einer Nutzspannung von 100 bis 150 kg eintritt; bei zwei Trapezseilen wurde der Höchstwert $\eta = 0,92$ bei $K_n = 70$ kg pro Seil und bei vier Seilen wurde $\eta = 0,82$ bei $K_n = 40$ kg erreicht. Es wird also auch bei Trapezseilen der Höchstwert von η bei um so kleinerer Nutzspannung erreicht, je größer die Anzahl der Seile ist.

Auf die Größe des Reibungswertes scheint die Seilzahl keinen Einfluß zu haben, denn der Vergleich der Schaubilder von einem und vier Seilen ergibt keinen nennenswerten Unterschied der μ-Linien.

33) Einfluß der Seilschaltung.

Aus dem Vergleich des Kreisseiltriebes der VII. Hauptgruppe (Scheiben von 1040 mm Dmr. und von 2500 mm Dmr.) mit dem vierseiligen Parallelseiltrieb der I. Hauptgruppe (ebenfalls Scheiben von 1040 mm Dmr. und von 2500 mm Dmr.) hatte sich ergeben, daß der Wirkungsgrad des Kreisseiles beträchtlich tiefer liegt als der der Parallelschaltung. Das Gleiche war aus dem Vergleich des Kreisseiltriebes VIII. Hauptgruppe (Scheiben von 1500 mm Dmr. und von

2500 mm Dmr.) mit dem vierseiligen Parallelseiltrieb der VI. Hauptgruppe (ebenfalls Scheiben von 1500 mm Dmr. und von 2500 mm Dmr.) hervorgegangen. Noch deutlicher ist dies aus Fig. 178, S. 116 zu erkennen, die alle Wirkungsgrade übereinander gezeichnet darstellt.

Diese Erscheinung ist nicht sehr überraschend. Denn wenn die Nuten von Scheiben mit Parallelseilen geringe Unterschiede im Nutenquerschnitt aufweisen — was tatsächlich immer der Fall sein wird —, so wird zwar die Belastung sich ungleichmäßig auf die Seile verteilen, aber es wird kein Gleiten zwischen Seil und Scheibe eintreten. Haben dagegen die Scheiben eines Kreisseiltriebes nicht ganz genau gleiche Nuten, so muß notwendigerweise ein Gleiten zwischen einzelnen Strängen und der Scheibe eintreten, das naturgemäß zu einem Arbeitsverlust führt.

34) Einfluß der Seilart.

Der Vergleich der Trapezseilversuche der V. Hauptgruppe mit den Rundseilversuchen der I. Hauptgruppe (kleine Scheibe von 1040 mm Dmr. in beiden Fällen) ergab sowohl für den einseiligen wie für den vierseiligen Trieb einen um ein Geringes niedrigeren Wirkungsgrad für das Trapezseil. Das Gleiche ergab sich aus der Gegenüberstellung der Trapezseilversuche der VI Hauptgruppe mit den Rundseilversuchen der II. Hauptgruppe (Scheiben von 2500 mm Dmr. in beiden Fällen). Dieser etwas niedrigere Wirkungsgrad der Trapezseile erklärt sich daraus, daß die Trapezseile stets eine Vorspannung von 500 kg für ein Seil erhalten mußten, um ohne Schwankungen zu laufen, während die Rundseile mit höchstens 300 kg, in vielen Fällen nur mit 100 kg Vorspannung arbeiten konnten.

35) Einfluß der Seilübersetzung.

Die Fig. 177, S. 115 der VIII. Hauptgruppe hatte gezeigt, daß beim Rundkreisseiltrieb die Art der Uebersetzung, ob ins Langsame oder Schnelle, keinen Einfluß auf den Reibungswert hat.

36) Einfluß der Lage des ziehenden Seiltrums.

Aus Fig. 167, S. 111 der V. Hauptgruppe war ersichtlich, daß bei einem Trapezseil auf Scheiben von 1000 mm und 2500 mm Dmr. sowohl die Wirkungsgrade wie die Reibungswerte gleich sind, gleichviel, ob das ziehende Trum unten oder oben liegt.

Aus Fig 177, S. 115 der VIII. Hauptgruppe ging hervor, daß der Reibungswert bei einem Rundkreisseil durch die Lage des ziehenden Trums nicht beeinflußt wird.

37) Einfluß einer Seilspannrolle.

Der Vergleich von Fig. 161, S. 108 der Hauptgruppe mit Fig. 159, S 107 der II. Hauptgruppe hatte ergeben, daß die Einschaltung einer Spannrolle den Wirkungsgrad eines Rundseiltriebes in Parallelschaltung beträchtlich vermindert. Dieses Ergebnis war zu erwarten; denn die Seile sind viel weniger als Riemen dazu geeignet, nach verschiedenen Richtungen gebogen zu werden.

38) Zusammenfassung der Riemenversuche.

1) Die Vorspannung k_v kann wesentlich kleiner sein, als die übliche Rechnung annimmt, weil der Reibungswert sich bis zu dem Doppelten der üblichen Zahl erwiesen hat. Infolge der kleineren Vorspannung fällt die Gesamtspannung des Riemens kleiner aus, oder bei gleicher Gesamtspannung kann die Nutzspannung entsprechend erhöht werden.

Dieser Vorteil kann naturgemäß nur dann in vollem Maß ausgenutzt werden, wenn eine Spannvorrichtung vorhanden ist, die eine genaue Einstellung und Nachstellung der Vorspannung erlaubt. Durch Anwendung von Spannvorrichtungen (Spannschlitten der Elektromotoren) werden Riementriebe gewissermaßen zu Präzisions-Maschinenelementen umgestaltet.

2) Die Gesamtspannung $k_v + \frac{1}{2} k_n$ ruft nicht die Riemendehnung hervor, die sich rechnungsmäßig aus Vorspannung und Nutzspannung ergeben würde, sondern die Dehnung bleibt umso mehr hinter diesem Wert zurück, je größer die Geschwindigkeit ist, weil der Dehnungswechsel im belasteten Riemen anscheinend dem raschen Spannungswechsel nicht zu folgen vermag.

3) Der Wirkungsgrad η steigt mit zunehmender Nutzspannung sehr rasch an, bleibt dann bis zu einer gewissen Nutzspannung nahezu unveränderlich und fällt mit noch weiter zunehmender Nutzspannung ganz langsam ab Der Höchstwert des Wirkungsgrades bewegt sich innerhalb der Nutzspannungen von 2 bis 6 kg auf 1 cm Riemenbreite zwischen den Grenzen von 0,94 bis 0,98. Innerhalb einer Auflaufspannung des ziehenden Trums von $k_v - k_f + \frac{1}{2} k_n = 5$ bis 15 kg/cm bleibt der Höchstwert des Wirkungsgrades zwischen den Grenzen von 0,95 bis 0,98. Die angegebenen Werte beziehen sich auf die Verluste durch Schlupf, Steifigkeit und durch den Luftwiderstand des Riemens selbst; Lagerreibung und Luftwiderstand der Scheiben sind nicht darin enthalten.

4) Der Reibungswert μ hat sich wesentlich größer ergeben, als vorausgesetzt wird; die beobachteten Grenzwerte, bei denen der Gleitschlupf beginnt, liegen zwischen 0,6 und 0,8, während unmittelbare Reibungsversuche Grenzwerte von nur 0,16 bis 0,28 bei Doppelriemen und von $\mu = 0,24$ bis 0,46 bei einfachen Riemen liefern. Der Grenzwert von μ liegt um so höher, je größer der Scheibendurchmesser und je größer die Riemengeschwindigkeit ist; für neue Holzscheiben ist er beträchtlich größer als für Eisenscheiben. Die hohen Betriebswerte von μ sind nur dadurch zu erklären, daß der Riemen nicht nur durch seine Eigenspannung sondern auch durch Adhäsionswirkung an die Scheibe angepreßt wird, indem das Längen auf der getriebenen Scheibe und das Einkriechen auf der treibenden Scheibe den Riemen an die Scheibe anlegt.

5) Der scheinbare Schlupf σ steigt in gleichem Verhältnis mit der Nutzspannung k_n, entsprechend der von Grashof aufgestellten Beziehung

$$\sigma = \alpha\, k_n \ \text{at} = \alpha\, \frac{k_n\ \text{kg/cm}}{s\ \text{cm}},$$

wobei sich α zu $\dfrac{1}{1100}$ ergeben hat.

Erst wenn das Spannungsverhältnis $\dfrac{k_v + \frac{1}{2} k_n}{k_v - \frac{1}{2} k_n} = e^{\mu\omega}$ so groß geworden ist, daß μ den Wert 0,6 bis 0,8 erreicht hat, vergrößert sich der scheinbare Schlupf plötzlich auf einen Gleitschlupf.

Aus der Schlupfmessung bei verschiedener Uebersetzung ergab sich, daß der Durchmesser

$$D_1 = D + s$$

als der für die Uebersetzung maßgebende zu betrachten ist. Dabei ist s die Riemendicke.

6) Die Geschwindigkeit v des Riemens übt einen Einfluß auf die Gesamtspannung und auf den Reibungswert aus. Bei Geschwindigkeiten von mehr als 20 m/sk fällt die gemessene Auflaufspannung des ziehenden Trums $k_a + \frac{1}{2} k_n$ um so größer als die rechnungsmäßige Auflaufspannung $k_v - k_f + \frac{1}{2} k_n$ aus, je größer die Geschwindigkeit ist. Der Grund dieser Erscheinung liegt vermutlich in dem Umstand, daß bei großer Geschwindigkeit der Dehnungswechsel dem raschen Spannungswechsel nicht zu folgen vermag. Bei höherer Geschwindigkeit sind ferner größere Grenzwerte von μ festgestellt worden; die Ursache hiervon dürfte, wie bereits erwähnt, darin zu finden sein, daß das Ansaugen des Riemens an die Scheibe infolge des Längens auf der getriebenen und infolge des Einkriechens auf der treibenden Scheibe um so mehr stattfindet, je größer die Geschwindigkeit ist. Beide Umstände wirken in dem Sinn, daß bei gleichbleibender Gesamtspannung die zulässige Nutzspannung, das heißt die Uebertragungsfähigkeit des Riemens bei höherer Geschwindigkeit größer ist, als es nach der bisher üblichen Rechnung erwartet werden durfte.

7) Der Scheibendurchmesser beeinflußt den Reibungswert μ in dem Sinn, daß μ um so höher ausfällt, je größer der Scheibendurchmesser ist. Diese Beobachtung läßt es im Zusammenhang mit der unter 6) genannten Erscheinung zweckmäßig erscheinen, Riementriebe mit großen Scheibendurchmessern und hohen Geschwindigkeiten gegenüber solchen mit kleinen Scheiben und Geschwindigkeiten zu bevorzugen.

8) Das Scheibenmaterial kommt insofern sehr merkbar zur Geltung, als Scheiben aus Holz beträchtlich höhere Werte von μ ergeben haben als eiserne Scheiben; dieser Einfluß des Materiales ist so groß, daß er den des Scheibendurchmessers überwiegt. Es empfiehlt sich daher um so mehr, die Scheiben aus Holz auszuführen, je kleiner sie sind. Diese Beobachtung gilt zunächst nur für Scheiben bis zu 600 mm Dmr.; ob sich bei größeren Durchmessern der Einfluß des Materiales in demselben Maße geltend macht, muß noch festgestellt werden. Ob die Abnutzung des Leders auf Holzscheiben nicht größer ist als auf Eisenscheiben, bedarf gleichfalls der Feststellung und zwar durch ausgedehnte Dauerversuche.

9) Eine Spannrolle, die richtig bemessen und gelagert ist — in unmittelbarer Nähe der kleinen Scheibe, am gezogenen Trum, und von einem Durchmesser gleich dem anderthalbfachen bis doppelten der kleinen Scheibe —, verringert bei Geschwindigkeiten bis zu etwa 30 m/sk den Wirkungsgrad nur sehr wenig, erhöht aber infolge des größeren umspannten Bogens das Spannungsverhältnis und mit ihm die übertragbare Nutzleistung. Entgegen dem herrschenden Vorurteil gegen Spannrollen, das auf schlechte Ausführungen zurückzuführen ist, ist daher die Einschaltung einer Spannrolle immer dann zu empfehlen, wenn eine große Uebersetzung angestrebt wird. Da die Spannrolle es gestattet, den Riemen jederzeit mit dem zulässigen Mindestwert der Vorspannung zu betreiben, so wird der Riemen sehr geschont.

10) Die zulässige Nutzspannung k_n ist abhängig von der dem Riemen zuträglichen Gesamtspannung $k_T = k_v + \frac{1}{2} k_n$, von der Riemengeschwindigkeit v, von dem Reibungswert μ und von dem Scheibendurchmesser D. Nach den Versuchsergebnissen muß die dem Bericht vorangestellte Fig. 1, die den Zusammenhang zwischen k_T, k_n und v darstellt, in zweifacher Weise umgestaltet werden.

Zunächst hat sich ergeben, daß die Dehnung des Riemens nicht den Wert erreicht, der rechnungsmäßig der Gesamtspannung $k_v + {}^1\!/_2\, k_n$ entspricht, und zwar um so weniger, je höher die Geschwindigkeit ist. Man wird daher die zulässige Gesamtspannung nicht als eine gleichbleibende Größe einführen dürfen, sondern wird sie für größere Geschwindigkeiten etwas höher, für kleinere etwas niedriger wählen müssen (Bach: »Maschinenelemente« 9. Auflage S. 383). In Fig. 194 ist zunächst willkürlich $k_v + {}^1\!/_2\, k_n$ für $v = 0$ zu 5 kg/cm und für $v = 40$ zu 25 kg/cm für einfache Riemen auf Scheiben von 1000 mm Dmr. ge-

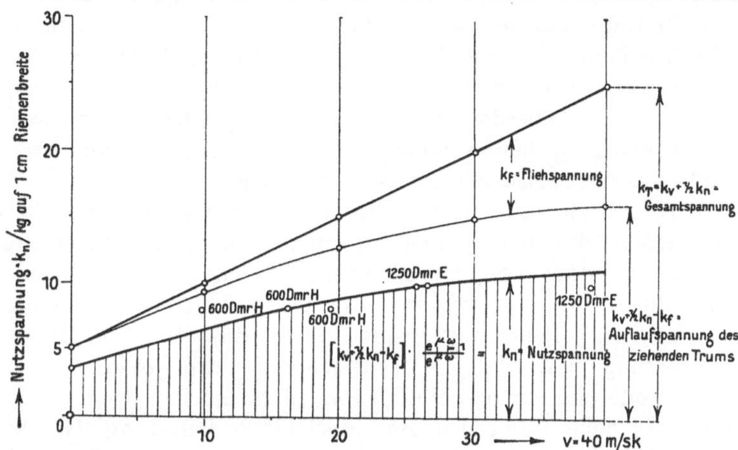

Fig. 194. Zulässige Riemenbelastung nach den Versuchen, gültig für einfache Riemen auf Scheiben von 1000 mm Dmr. unter günstigen Umständen.

wählt worden. Von der Linie, die diese Gesamtspannung darstellt, ist zunächst ebenso wie in Fig. 1 die Fliehspannung k_f in Abzug gebracht worden, so daß die Ordinate der neuen Linie dem Wert $k_v + {}^1\!/_2\, k_n - k_f$, also der Auflaufspannung des ziehenden Trums entspricht.

Ferner hat sich bei den Versuchen herausgestellt, daß der Riemen nicht nur durch seine Eigenspannung, sondern auch durch Adhäsionswirkung an die Scheiben angepreßt wird, so daß der Reibungswert μ wesentlich höher gemessen wurde, als die übliche Rechnung ihn voraussetzte. Diesem Ergebnis entsprechend ist nicht mehr der Reibungswert $\mu = 0{,}28$, das Spannungsverhältnis $e^{\mu\omega} = 2$ und der Quotient $\dfrac{e^{\mu\omega}-1}{e^{\mu\omega}} = 0{,}5$ wie bei Fig. 1, sondern der Wert $\mu = 0{,}5$, das Spannungsverhältnis $e^{\mu\omega} = 3{,}5$ und der Quotient $\dfrac{e^{\mu\omega}-1}{e^{\mu\omega}} = 0{,}7$ der Fig. 194 zu grunde gelegt worden. Aus der Linie für $k_v + {}^1\!/_2\, k_n - k_f$ ergibt sich dann die Kurve für $(k_v + {}^1\!/_2\, k_n - k_f)\, \dfrac{e^{\mu\omega}-1}{e^{\mu\omega}}$, deren Ordinate nichts anderes als die zulässige Nutzspannung k_n darstellt.

Diese letztere Linie für k_n umschließt die Werte aller Versuche, die bisher ausgeführt wurden. Da diese Versuche mit großer Vorsicht angestellt wurden, um die Vergleichsriemen nicht zu schädigen, so ist zu erwarten, daß weitergehende Dauerversuche eine Höherlegung der Linie für k_n zulassen werden. Für größere Scheibendurchmesser sind die Werte für k_n dem größeren beobachteten μ entsprechend zu erhöhen, für kleinere Durchmesser entsprechend zu erniedrigen.

Jedenfalls stimmt aber der Verlauf der Linie für k_n verhältnismäßig mit den Werten überein, die aus den Erfahrungen der Praxis durch die Veröffentlichungen von C. Otto Gehrckens in Hamburg bekannt geworden sind.

11) **Dauerversuche** mit verschiedenartigem Riemenmaterial (Chromleder, Gummi, Balata, Baumwolle, Kamelhaar) müssen noch durchgeführt werden, um die für dauernden Betrieb zulässige Gesamtspannung $k_v + \frac{1}{2} k_n$ in einwandfreier Weise festzustellen. Die Durchführung solcher Dauerversuche wird die nächste Aufgabe der im »Versuchsfeld für Maschinen-Elemente« der Technischen Hochschule dauernd aufgestellten Riemen-Versuchsmaschine sein.

12) **Die bisher übliche Prüfung von Riemen** durch Festigkeitsversuche liefert aus zwei Gründen keinen Maßstab für die Brauchbarkeit des Riemens im praktischen Betrieb: einmal ist die Festigkeit überhaupt nicht maßgebend, sondern das Verhältnis der elastischen zur bleibenden Dehnung, die Fähigkeit, raschen Spannungswechsel zu ertragen, die Schmiegsamkeit, die Ansaugefähigkeit und anderes mehr. Außerdem zwingt die Festigkeitsprüfung dazu, aus dem Riemen verhältnismäßig kleine Stücke herauszuschneiden, gibt also überhaupt kein Bild für das Verhalten des **ganzen Riemens.**

Eine einwandfreie Prüfung von Riemen kann vielmehr nur in der Weise ausgeführt werden, daß der Riemen in ganzer Länge und Breite auf die Versuchsmaschine aufgelegt und einem Dauerversuch mit einer Belastung unterworfen wird, die so lange gesteigert wird, bis die bleibende Dehnung so groß wird, daß sich kein Beharrungszustand mehr einstellt. Der Hauptzweck der Versuchseinrichtung wird daher voraussichtlich darin bestehen, daß sie als dauernde Prüfstelle zur Untersuchung von allen solchen Riemen dienen wird, an die besonders hohe Anforderungen hinsichtlich Belastung, Geschwindigkeit, Feuchtigkeitsgehalt der Luft, Temperatur oder sonstwie gestellt werden.

39) Zusammenfassung der Seilversuche.

1) **Die Vorspannung** K_v kann beträchtlich unter den rechnungsmäßigen Wert sinken, ohne daß Gleiten eintritt. Bei gleicher Gesamtspannung K_T kann dementsprechend die Nutzspannung bis zu einem Höchstwert von etwa $0{,}8\ K_T$ steigen statt $0{,}5\ K_T$, wie bei der üblichen Rechnung angenommen wird.

Dieser Vorteil kann indessen nur dort ausgenutzt werden, wo eine geeignete Spannvorrichtung die richtige Einstellung und Nachstellung der Vorspannung erlaubt. Seiltriebe ohne Spannvorrichtung werden im allgemeinen immer mit zu hohen Vorspannungen arbeiten, weil mit Rücksicht auf bleibende Dehnungen und auf Feuchtigkeitswechsel von vornherein eine zu hohe Vorspannung gegeben werden muß. Es dürfte im Durchschnitt genügen: für Seiltriebe mit Spannvorrichtung eine Vorspannung von

$$K_v = 200 \text{ kg für ein Rundseil von 50 mm Dmr.}$$

und für Seiltriebe ohne Spannvorrichtung eine Vorspannung von

$$K_v = 400 \text{ kg für ein Rundseil von 50 mm Dmr.}$$

2) **Die Gesamtspannung** $K_v + \frac{1}{2} K_n$ ruft nicht die Dehnung hervor, die der Dehnungsziffer entsprechen würde; die Dehnung bleibt vielmehr weit hinter diesem Wert zurück, wenn die Seilgeschwindigkeit mehr als 20 m/sk beträgt, und zwar sowohl bei geringer wie bei großer Belastung.

3) **Der Wirkungsgrad** η steigt in allen Fällen mit zunehmender Nutzspannung sehr rasch an. Bei Anwendung von nur einem Seil bleibt η bis zu einem hohen Wert der Nutzspannung nahezu unveränderlich und fällt dann langsam ab. Bei Parallelschaltung von vier Seilen dagegen fällt der Wirkungsgrad unmittelbar nach Erreichung des Höchstwertes wieder merklich ab. Die

Grenzen der Höchstwerte liegen bei einem Seil zwischen $\eta = 0{,}94$ und $0{,}96$, und zwar bei $K_n = 80$ bis 120 kg; bei vier Seilen liegen sie zwischen $\eta = 0{,}89$ und $0{,}94$ bei $K_n = 35$ bis 45; bei dem Kreisseiltrieb liegt η zwischen $0{,}87$ und $0{,}90$ bei $K_n = 50$ bis 60 kg.

Während bei Riementrieben die Fläche der η-Werte einen Bergrücken mit der Achse $k_v + \frac{1}{2}\,k_n = 7{,}5$ bei einfachen und $= 15$ bei Doppelriemen bildet, fällt bei den Seiltrieben die Achse des Hügelrückens mit der Linie $K_v' = 100$ bis 200 kg für ein Seil zusammen: es gibt also bei Seiltrieben eine günstigste Vorspannung $= 100$ bis 200 kg, während bei den Riementrieben eine günstigste Auflaufspannung des ziehenden Trums zu beobachten war. Die gemessenen Werte von η gelten für die Verluste durch Schlupf, Steifigkeit und durch den Luftwiderstand der Seile selbst; Lagerreibung und Luftwiderstand der Scheiben sind nicht darin enthalten. Die Lagerreibung ist bei den Seiltrieben beträchtlich größer als bei den Riementrieben, weil Seile im Durchschnitt mit größerer Vorspannung aufgelegt werden als Riemen, damit sie glatten, eleganten Lauf zeigen.

Ein Vergleich zwischen den Wirkungsgraden der Riemen und der Seile läßt sich allgemein nicht ziehen, sondern nur naturgemäß von Fall zu Fall anstellen. Leistung, Geschwindigkeit, Scheibendurchmesser, Achsenabstand, Uebersetzung und Betriebseigentümlichkeiten werden in jedem einzelnen Fall berücksichtigt werden müssen.

Mit zunehmender Geschwindigkeit sinkt beim Seiltrieb der Wirkungsgrad merklich, während beim Riementrieb mit steigender Geschwindigkeit der Wirkungsgrad eher zunimmt, keinesfalls aber sinkt. Für große Geschwindigkeiten wird daher der Riemen wirtschaftlicher sein.

Bei Seiltrieben nimmt mit abnehmendem Scheibendurchmesser der Wirkungsgrad rasch ab, weil die Seilsteifigkeit sich zunehmend bemerkbar macht. Bei Riementrieben kommt der Einfluß des Durchmessers nur in geringem Grade zur Geltung. Dort, wo man zur Anwendung von kleinen Scheibendurchmessern gezwungen ist, wird man daher wirtschaftlicher Riemen verwenden.

Spannvorrichtungen sind für die Wirtschaftlichkeit sowohl der Riemen wie der Seile zweckmäßig, weil sie gestatten, mit geringster, das heißt günstigster Vorspannung zu arbeiten. Während aber bei Riemen sowohl der Spannschlitten wie die Spannrolle wirtschaftlich arbeitet, trifft dies bei Seilen nur für den Spannschlitten zu.

Der Höchstwert des Wirkungsgrades steigt sowohl beim einfachen wie beim Doppelriemen auf $0{,}98$, beim einseiligen Trieb auf $0{,}97$, bei Rundseilen in Parallelschaltung auf $0{,}95$, und bei vier Rundseilen in Kreisseilschaltung auf $0{,}90$ bei günstigster Vorspannung in allen Fällen. Diejenige Vorspannung, bei welcher der Wirkungsgrad einen Höchstwert erreicht, ist bei Parallelschaltung mehrerer Seile und bei Kreisseilschaltung wesentlich kleiner als bei Trieben mit nur einem einzigen Seil.

Zu den gemessenen Verlusten kommt noch die Lagerreibung, die im allgemeinen bei Rundseilen größer als bei Riemen und bei Trapezseilen größer als bei Rundseilen sein wird.

4) Der Reibungswert μ ist bis zu $\mu = 0{,}6$ wiederholt beobachtet worden, ohne daß Gleitschlupf eingetreten ist. Eine Ausnutzung dieser Beobachtung wird naturgemäß nur bei solchen Seiltrieben möglich sein, die mit Spannschlitten ausgerüstet sind, wie es bei Dynamomaschinen und Elektromotoren der Fall ist.

5) Der scheinbare Schlupf σ ist bei Seiltrieben verschwindend klein; man muß daher annehmen, daß der Dehnungswechsel sich nicht wie bei Riementrieben auf der Scheibe vollzieht, sondern daß er im wesentlichen erst beim Ablauf von der Scheibe eintritt.

6) Die Geschwindigkeit v beeinflußt die Auflaufspannungen in dem Sinn, daß diese tatsächlich größer beobachtet werden, als die Rechnung es erwarten läßt. Bei Geschwindigkeiten über 20 m/sk vermag der Dehnungswechsel dem Spannungswechsel nicht zu folgen; es treten kleinere Dehnungen ein, als Spannung und Dehnungskoeffizient sie bedingen würden. Infolgedessen kann die Gesamtspannung bei größeren Geschwindigkeiten größer gewählt werden als bei geringen, ohne daß schädliche Dehnungen zu befürchten sind.

7) Der Scheibendurchmesser bewirkt bei Anwendung von einem Seil, daß der Höchstwert des Wirkungsgrades bei größerem Durchmesser zwar derselbe wie bei kleinerem ist, daß er aber bei größerem Durchmesser schon bei geringerer Nutzspannung erreicht wird. Bei Verwendung von vier Seilen bewirkt die Vergrößerung des Scheibendurchmessers eine beträchtliche Erhöhung des Wirkungsgrades.

8) Eine Spannrolle bewirkt bei Seilen in Parallelschaltung beträchtliche Verminderung des Wirkungsgrades und erhöht die Reibungswerte nur im Verhältnis der umspannten Bögen, während bei Riementrieben mit Spannrolle der Wirkungsgrad auf voller Höhe blieb. Es wäre daher die Anwendung von Spannrollen bei Seilen in Parallelschaltung unzweckmäßig. Bei übermäßiger Anspannung der Seile, wie sie im neuen Zustand gewöhnlich vorgenommen wird, kann der Gesamtwirkungsgrad — einschließlich der Lagerreibung — eines Seiltriebes ohne Spannrolle allerdings noch ungünstiger ausfallen als bei einem Seiltrieb mit Spannrolle.

9) Die Seilzahl beeinflußt den Wirkungsgrad in der Weise, daß bei einem Seil η seinen Höchstwert innerhalb sehr weiter Grenzen der Nutzspannung beibehält, während bei vier Seilen der Höchstwert bereits bei $K_n = 40$ kg erreicht wird und dann ein merkliches Fallen eintritt. Diese Erscheinung läßt darauf schließen, daß die Verteilung der Belastung nicht ganz gleichmäßig ist, sondern daß das straffste Seil eine höhere Belastung erfährt. Diese Vermutung wird bestärkt durch die Versuche über die gegenseitige Wanderung der Seile.

Eine Ergänzung der Seilversuche wird in der Weise erwünscht sein, daß ein bis sechs Seile von 40 mm Dmr. in Parallelschaltung aufgelegt werden; es wird dann möglich sein, die Belastung weiter zu treiben als bei den Seilen von 50 mm Dmr. Bei letzteren war eine höhere Belastung nicht möglich, weil die gleichmäßige Verteilung auf die beiden parallel geschalteten Elektromotoren unter den damaligen Versuchsverhältnissen Schwierigkeiten bereitete.

10) Die Schaltung der Seile übt einen sehr großen Einfluß auf den Wirkungsgrad aus: bei dem Kreisseiltrieb liegt η durchweg beträchtlich tiefer als bei parallel geschalteten Seilen: Höchstwert der letzteren $\eta = 0{,}95$ gegen $0{,}90$ beim Kreisseil.

11) Die Art der Seile macht sich insofern geltend, als der Wirkungsgrad der Trapezseile um ein Geringes tiefer liegt als der der Rundseile, weil jene eine beträchtlich höhere Vorspannung erhalten müssen, um schwankungsfrei zu laufen.

12) Die Größe der Uebersetzung und die Lage des ziehenden Trums haben beim Seiltrieb keinen Einfluß auf den Wirkungsgrad. Diese Be-

merkung gilt natürlich ebenso wie bei den anderen nur für den Bereich, in dessen Grenzen die Versuche lagen.

13) Die Nutzspannung K_n ist abhängig von der dem Seil zuträglichen Gesamtspannung $K_T = K_v + \frac{1}{2} K_n$, von der Seilgeschwindigkeit v, von dem Reibungswert μ und von dem Scheibendurchmesser D.

Bei großer Seilgeschwindigkeit erreicht nach den Versuchsergebnissen die Dehnung des Seils nicht den Wert, der rechnungsmäßig der Gesamtspannung $K_v + \frac{1}{2} K_n$ entspricht. Man wird daher die Gesamtspannung für größere Geschwindigkeiten höher wählen dürfen als für geringere Geschwindigkeiten. In Fig. 195 ist die Gesamtspannung $K_v + \frac{1}{2} K_n$ zunächst willkürlich für $v = 0$ zu 100 kg und für $v = 40$ m sk zu 400 kg für Seile auf Scheiben von 1000 mm Dmr.

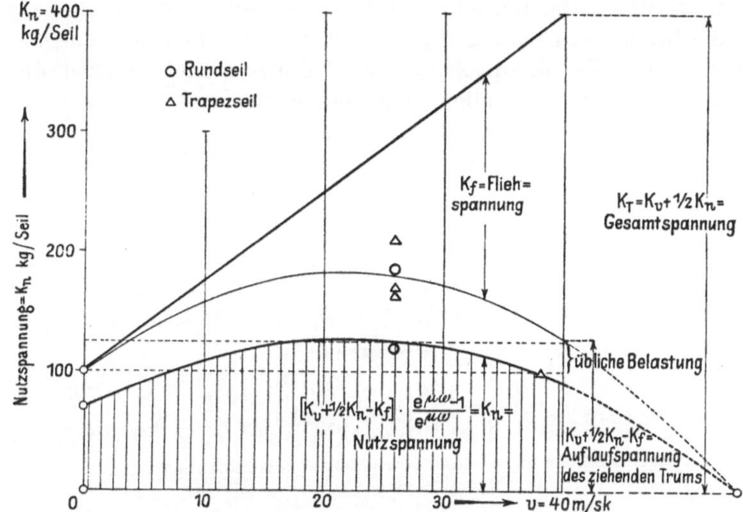

Fig. 195. Zulässige Seilbelastung nach den Versuchen, gültig für Seile von 50 mm Dmr., auf Scheiben von 1000 mm Dmr.

gewählt worden. Von dieser Linie ist die Fliehspannung K_f in Abzug gebracht worden; die Ordinaten der neuen Linie stellen den Wert $K_v + \frac{1}{2} K_n - K_f$, d. h. die Auflaufspannung des ziehenden Trums dar.

Der Reibungswert hat sich bei den Versuchen bis zu $\mu = 0{,}6$ erwiesen; legt man einen Wert von $\mu = 0{,}5$ und einen umspannten Bogen $= 0{,}4$ des ganzen Umfangs zu Grunde, so wird das Spannungsverhältnis $e^{\mu\omega} = 3{,}5$. Die zulässige Nutzspannung ergibt sich dann zu

$$K_n = \left(K_v + \tfrac{1}{2} K_n - K_f\right) \frac{3{,}5 - 1}{3{,}5} = \left(K_v + \tfrac{1}{2} K_n - K_f\right) \cdot 0{,}7,$$

d. h. die Ordinaten der vorher gezogenen Kurve sind im Verhältnis $0{,}7 : 1$ zu teilen; die so entstandene neue Linie gibt die höchstzulässige Nutzspannung für jede Seilgeschwindigkeit an.

Die tatsächlich gemessenen Versuchswerte liegen zum Teil beträchtlich über der genannten Linie. Zu beachten ist, daß bei diesen Versuchen immer nur ein Seil auf den Scheiben lag, während die Fig. 195 für mehrere Seile entworfen ist. Die Versuche mit mehreren Seilen in Parallelschaltung konnten mit Rücksicht auf die Belastungsfähigkeit der Elektromotoren nicht so weit getrieben werden, um die Belastungsgrenzen zu finden.

Für größere Scheibendurchmesser können die zulässigen Werte für K_n im Verhältnis der gefundenen μ-Werte erhöht werden, bei kleinerem Durchmesser ist K_n in der gleichen Weise niedriger zu halten.

15) Dauerversuche werden auch für Seile noch angestellt werden müssen, um die Grenzen für K_n für Seile verschiedenen Ursprungs festzustellen, da kurze Versuche wohl über Wirkungsgrad und Reibungswert, nicht aber über die bleibende Dehnung zuverlässigen Aufschluß geben. Diese aber muß um so mehr als die maßgebende Größe für die Wahl von K_n betrachtet werden, als bei Seiltrieben Spannschlitten nur in den seltensten Fällen angebracht werden können, und da Spannrollen bei Seiltrieben aus wirtschaftlichen Gründen auszuschließen sind.

16) Eine Prüfung von Seilen kann in einwandfreier Weise ebenso wie bei Riemen nur in der Weise bewirkt werden, daß die Seile in ganzer Länge auf die Versuchsmaschine aufgelegt und einem Dauerversuch mit Belastung unterzogen werden. Die Belastung wird dabei allmählich so lange zu steigern sein, bis die bleibende Dehnung so groß wird, daß ein Beharrungszustand nicht mehr eintritt. Die Versuchsmaschine wird daher nicht nur über die Güte von Riemen, sondern auch von Seilen entscheiden müssen.

Heft 22.

Bach: Versuche über den Gleitwiderstand einbetonierten
Eisens.
Klein: Ueber freigehende Pumpenventile.
Fuchs: Der Wärmeübergang und seine Verschieden-
heiten innerhalb einer Dampfkesselheizfläche.

Heft 23.

Baum und **Hoffmann:** Versuche an Wasserhaltungen
(Dampfwasserhaltung der Zeche Victor, hydraulische
Wasserhaltung der Zeche Dannenbaum, Schacht II,
und elektrische Wasserhaltungen der Zechen Victor,
A. von Hansemann und Mansfeld).

Heft 24.

Klemperer: Versuche über den ökonomischen Einfluß
der Kompression bei Dampfmaschinen.
Bach: Versuche über die Festigkeitseigenschaften von
Stahlguß bei gewöhnlicher und höherer Temperatur

Heft 25.

Häußer: Untersuchungen über explosible Leuchtgas-
Luftgemische.
Föttinger: Effektive Maschinenleistung und effektives
Drehmoment, und deren experimentelle Bestimmung
(mit besonderer Berücksichtigung großer Schiffs-
maschinen).

Heft 26 und 27.

Roser: Die Prüfung der Indikatorfedern.
Wiebe und **Schwirkus:** Beiträge zur Prüfung von In-
dikatorfedern.
Staus: Einfluß der Wärme auf die Indikatorfeder.
Schwirkus: Ueber die Prüfung von Indikatorfedern.
—, Auf Zug beanspruchte Indikatorfedern.

Heft 28.

Loewenherz und **van der Hoop:** Wirbelstromverluste
im Ankerkupfer elektrischer Maschinen.
Bach: Versuche über die Festigkeitseigenschaften von
Flußeisenblechen bei gewöhnlicher und höherer
Temperatur (hierzu Tafel 1 bis 4).

Heft 29.

Bach: Druckversuche mit Eisenbetonkörpern.
—, Die Aenderung der Zähigkeit von Kesselblechen
mit Zunahme der Festigkeit.
—, Zur Kenntnis der Streckgrenze.
—, Zur Abhängigkeit der Bruchdehnung von der Meß-
länge.
—, Versuche über die Verschiedenheit der Elastizität
von Fox- und Morison-Wellrohren.

Heft 30.

Berg: Die Wirkungsweise federbelasteter Pumpenventile und ihre Berechnung.
Richter: Das Verhalten überhitzten Wasserdampfes in
der Kolbenmaschine.

Heft 31.

Bach: Versuche zur Ermittlung der Durchbiegung und
der Widerstandsfähigkeit von Scheibenkolben.
Stribek: Warmzerreißversuche mit Durana-Gußmetall.
Gesichtspunkte zur Beurteilung der Ergebnisse von
Warmzerreißversuchen.
Wendt: Untersuchungen an Gaserzeugern.

Heft 32.

Richter: Thermische Untersuchung an Kompressoren.
v. Studniarski: Ueber die Verteilung der magnetischen
Kraftlinien im Anker einer Gleichstrommaschine.

Heft 33.

Wagner: Apparat zur strobographischen Aufzeichnung
von Pendeldiagrammen.
Wiebe: Der Temperaturkoeffizient bei Indikatorfedern.
Bach: Versuche über die Elastizität von Flammrohren
mit einzelnen Wellen.
—, Die Bildung von Rissen in Kesselblechen.
—, Versuche über die Drehungsfestigkeit von Körpern
mit trapezförmigem und dreieckigem Querschnitt.

Heft 34.

Köhler: Die Rohrbruchventile. Untersuchungsergeb-
nisse und Konstruktionsgrundlagen.
Wiebe und **Leman:** Untersuchungen über die Proportionalität der Schreibzeuge bei Indikatoren.

Heft 35 und 36.

Adam: Ueber den Ausfluß von heißem Wasser.
Ott: Untersuchungen zur Frage der Erwärmung elektri-
scher Maschinen. I. Wärmeleitvermögen der lamel-
lierten Armatur. II. Erwärmungsgleichungen für
Feldspulen.
Knoblauch und **Jakob:** Ueber die Abhängigkeit der
spezifischen Wärme Cp des Wasserdampfes von
Druck und Temperatur.

Heft 37.

Bendemann: Ueber den Ausfluß des Wasserdampfes
und über Dampfmengenmessung.
Möller: Untersuchungen an Drucklufthämmern.

Heft 38.

Martens: Die Meßdose als Kraftmesser in der Material-
prüfmaschine.

Heft 39.

Bach: Versuche mit Eisenbetonbalken. Erster Teil.
—, Versuche mit einbetoniertem Thacher-Eisen.

Heft 40.

Versuche an der Wasserhaltung der Zeche Franziska
in Witten.
Grübler: Vergleichende Festigkeitsversuche an Körpern
aus Zementmörtel.
Lorenz: Vergleichsversuche an Schiffschrauben.
—, Die Aenderung der Umlaufzahl und des Wirkungsgrades von Schiffschrauben mit der Fahrgeschwin-
digkeit.

Heft 41.

Hort: Die Wärmevorgänge beim Längen von Metallen.
Mühlschlegel: Regulierversuche an den Turbinen des
Elektrizitätswerkes Gersthofen am Lech.

Heft 42.

Biel: Die Wirkungsweise der Kreiselpumpen und Ven-
tilatoren. Versuchsergebnisse und Betrachtungen

Heft 43.

Schlesinger: Versuche über die Leistung von Schmirgel-
und Karborundumscheiben bei Wasserzuführung.

Heft 44.

Biel: Ueber den Druckhöhenverlust bei der Fortleitung
tropfbarer und gasförmiger Flüssigkeiten.

Heft 45 bis 47.

Bach: Versuche mit Eisenbetonbalken. Zweiter Teil.

Heft 48.

Becker: Strömungsvorgänge in ringförmigen Spalten
und ihre Beziehungen zum Poiseuilleschen Gesetz.
Pinegin: Versuche über den Zusammenhang von Bie-
gungsfestigkeit und Zugfestigkeit bei Gußeisen.

Heft 49.

Martens: Die Stulpenreibung und der Genauigkeitsgrad
der Kraftmessung mittels der hydraulischen Presse.
Wieghardt: Ueber ein neues Verfahren, verwickelte
Spannungsverteilungen in elastischen Körpern auf
experimentellem Wege zu finden.
Müller: Messung von Gasmengen mit der Drosselscheibe.

Heft 50.

Rötscher: Versuche an einer 2000 pferdigen Riedler-
Stumpf-Dampfturbine.